高等院校艺术设计专业精品系列教材
"互联网 +"新形态立体化教学资源特色教材

# SketchUp Pro
# 中文版标准教程

汤池明　闫永祥　鲁　甜 **编著**

中国轻工业出版社

**图书在版编目（CIP）数据**

SketchUp Pro中文版标准教程 / 汤池明，闫永祥，
鲁甜编著. —北京：中国轻工业出版社，2024.1
ISBN 978-7-5184-3642-2

Ⅰ.①S… Ⅱ.①汤… ②闫… ③鲁… Ⅲ.①建筑设
计—计算机辅助设计—应用软件—教材 Ⅳ.①TU201.4

中国版本图书馆CIP数据核字（2021）第171959号

责任编辑：李 红　　　　责任终审：李建华　　整体设计：锋尚设计
策划编辑：王 淳 李 红　责任校对：吴大朋　　责任监印：张 可

出版发行：中国轻工业出版社（北京鲁谷东街 5 号，邮编：100040）

印　　刷：北京君升印刷有限公司

经　　销：各地新华书店

版　　次：2024年1月第1版第2次印刷

开　　本：889×1194　1/16　印张：15.75

字　　数：380千字

书　　号：ISBN 978-7-5184-3642-2　定价：48.00元

邮购电话：010-85119873

发行电话：010-85119832　010-85119912

网　　址：http://www.chlip.com.cn

Email：club@chlip.com.cn

如发现图书残缺请与我社邮购联系调换

232329J2C102ZBW

前 言
PREFACE

SketchUp Pro 是一款当今流行的三维制作软件，广泛用于建筑设计、建筑装饰设计、环境设计、园林景观设计等行业，SketchUp Pro 具有快捷简便的三维模型制作功能，由传统的 3ds max 高精度渲染逐步转化为 SketchUp Pro 中初级建模＋VRay 高精度渲染，其非常适用于学生与初级设计师快速表现设计思想。

本书在编写过程中，注重强化学生的实际操作与动手能力，直接讲解操作方法，导入案例说明相关工具的用途与参数设定，使学生能快速上手。本书的主要特点如下：

1. 案例源于一线设计企业

本书从零基础入手，列举真实案例，详细讲述每个参数的设定与修改方法。在基础内容中，针对同一模型变换不同风格的设计效果，与实际工作密切相关，

能让设计师适应工作需要，并能根据客户要求快速修改设计方案。

2. 操作步骤分级讲述

本书章节划分明确，强化该软件的基础知识、形体建模、材质贴图、灯光摄像机、简单渲染等操作方法。列出所有细节，并逐一介绍各种细节参数的设定与调整。后期精选案例，对效果图进行后期处理，扩展本书内容，帮助读者适应实际工作需要。

3. 科学讲述复杂方法

贯彻先理论、后实践的讲解原则，每个操作步骤均有屏幕截取图片为支撑，以实际设计案例为讲解媒介，贯通 SketchUp Pro 软件的全部功能。每个章节之间既是循序渐进的，又能相互补充。本书增加了独立创意内容，教会读者在操作之前进行创意设想，建立预想效果，再进行有目的的操作，最终才能达到较好的效果，激发读者的创作兴趣。

4. 指出重点操作内容

SketchUp Pro 的重点在于全面学习三维图形绘制与编辑方法，熟练掌握常用的绘制、编辑工具，能制作较复杂的效果图场景；了解材质与贴图的操作方法，为制作完成的效果图场景赋予材质贴图；学习组、组件、场景、动画的基本操作方法，在现有效果图场景与模型的基础上制作简单动画，输出保存后对动画视频进行简单编辑。

5. 附带教学视频与素材

全书将所有操作环节内容制作成视频教程，以二维码形式附在每章章首，帮助读者配合图书快速掌握学习要领。读者对照本书的操作方法、详细参数，采用每章配套的素材，均能达到书上的操作效果。

编者
2021 年 6 月

目 录
CONTENTS

**第一章　SketchUp Pro介绍**

第一节　SketchUp Pro介绍.....................001
第二节　SketchUp Pro软件特点.............002
第三节　向导界面.......................................004
第四节　工作界面.......................................005
第五节　优化界面设置...............................013
第六节　坐标系设置...................................028
第七节　在界面中查看模型.......................029
课后练习.......................................................032

**第二章　图形绘制与编辑**

第一节　选择图形与删除图形...................033
第二节　基本绘图工具...............................036
第三节　基本编辑方法...............................041
第四节　模型的测量与标注.......................052
第五节　辅助线的绘制与管理...................057
第六节　图层的运用与管理.......................059
课后练习.......................................................061

**第三章　材质与贴图**

第一节　默认材质.......................................062
第二节　材质编辑器...................................063

第三节　填充材质 ...................................066
第四节　贴图的运用 ...............................068
课后练习 ...............................................075

## 第四章　组与组件

第一节　组的基本操作 ...........................076
第二节　组件 ...........................................078
课后练习 ...............................................083

## 第五章　场景与动画

第一节　场景与场景管理器 ...................084
第二节　动画 ...........................................086
第三节　使用Premiere软件编辑动画 ..........090
第四节　批量导出场景图像 ...................095
课后练习 ...............................................097

## 第六章　截面剖切

第一节　截面 ...........................................098
第二节　导出截面与动画制作 ..........................101
课后练习 ...............................................103

## 第七章　沙箱工具

第一节　沙箱工具栏................104
第二节　创建地形其他方法..........109
课后练习........................109

## 第八章　插件运用

第一节　插件的获取与安装..........110
第二节　SUAPP中文建筑插件集......112
第三节　标注线头插件..............117
第四节　焊接对象插件..............118
第五节　沿路径复制插件............119
第六节　曲面建模插件..............120
第七节　超级推拉插件..............121
第八节　自由变形插件..............122
第九节　倒圆角插件................124
课后练习........................124

## 第九章　文件的导入与导出

第一节　AutoCAD文件的导入与导出......125
第二节　3ds文件的导入与导出........135
课后练习........................141

## 第十章　家居空间设计实例

第一节　案例基本内容..............142
第二节　创建空间模型..............143
第三节　导出图像................153
第四节　后期处理................156
课后练习........................160

## 第十一章　庭院景观设计实例

第一节　案例基本内容..............161
第二节　整理CAD图纸..............161
第三节　创建空间模型..............162
第四节　导入3ds max渲染..........171
第五节　后期处理................187
课后练习........................189

## 第十二章　建筑设计实例

第一节　案例基本内容..............190
第二节　整理CAD图纸..............191
第三节　创建空间模型..............193
第四节　导出图像................206
第五节　后期处理................209
课后练习........................213

## 第十三章　SketchUp Pro与VRay 高级渲染

第一节　VRay基本介绍............214
第二节　VRay住宅卧室渲染案例......215
第三节　VRay专卖店渲染案例........230
课后练习........................243

## 附　SketchUp Pro常用快捷键一览......244

# 第一章
# SketchUp Pro 介绍

PPT 课件　　　　素材　　　　教学视频

识读难度：★ ☆ ☆ ☆ ☆
核心概念：发生、特点、工作界面

◀ **章节导读**

　　本章介绍SketchUp Pro的基本概况与操作界面，熟悉操作界面能大幅度提高制图速度，是学习SketchUp Pro操作的基础。

# 第一节　SketchUp Pro介绍

　　SketchUp Pro是一款通用型的三维建模软件，它能够迅速构建、显示和编辑三维模型，给设计师提供了一个虚拟和现实自由转换的空间，并且将其成品导入其他渲染软件（如VRay、Maxwell Render等）后可生成照片级的效果图。

　　SketchUp Pro可用于城市规划、建筑设计、室内装饰设计、园林景观设计、工业产品设计、游戏动漫表现等相关领域（图1-1）。

图1-1　SketchUp Pro网页

# 第二节　SketchUp Pro软件特点

## 一、界面简洁易学

SketchUp Pro软件界面简洁、直观，在一个屏幕视口可完成所有操作（图1-2），工具以图标形式显示，清晰明了（图1-3），用户还可以根据自己的使用习惯来自定义界面。

## 二、建模方法独特

SketchUp Pro的建模方法很独特，不像其他三维模型软件需要频繁切换视图。

SketchUp Pro的建模思路很明确，简单来说，就是连点成线、连线成面、拉面成体，所有模型都是由点、线、面组成的（图1-4）。

## 三、针对设计过程

SketchUp Pro除了界面简洁、操作简单外，还具有快捷直观、即时显示的特点，可直接观察制作效果，所见即所得（图1-5）。

SketchUp Pro拥有多种显示模式，表现风格多种多样，而且通过简单操作就能得到演示动画，能充分表现设计方案。

## 四、调整材质和贴图方便

调整材质和贴图在传统的计算机三维软件中是一个难点，存在不能即时显示等问题，而在SketchUp Pro中调整材质和贴图非常方便，材质调节面板也很直观，用户无须记住大量材质参数，就可以对材质进行调节，而且在视口中还可以实时观察材质调节情况（图1-6）。

## 五、剖面功能强大

SketchUp Pro的剖面功能能够让用户准确、直观地看到空间关系和内部结构，方便设计师在模型内部进行操作（图1-7），还可以制作各种剖面动画、生长动画等，也可以将剖面导出为矢量数据格式，用于制作图表、专题页等。

## 六、光影分析直观

在SketchUp Pro中能够选择国家和城市，或输入城市的经纬度和时间，得到真实的日照效果，激活阴影选项后，即可在视口中观察到模型的阴影和投影情况（图1-8），可用于评估建筑的各项日照指标。

图1-3　绘图工具

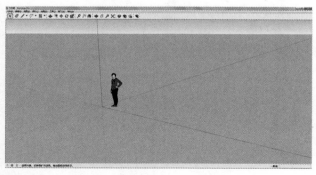

图1-2　SketchUp Pro软件界面

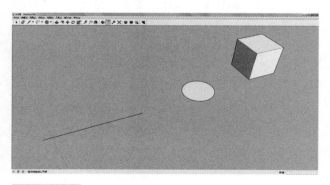

图1-4　建模

图1-5 SketchUp Pro "默认面板"　　图1-6 实时观察材质调节情况

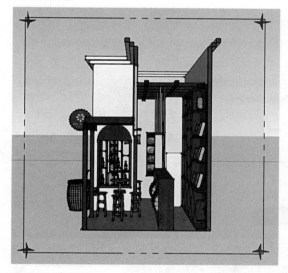

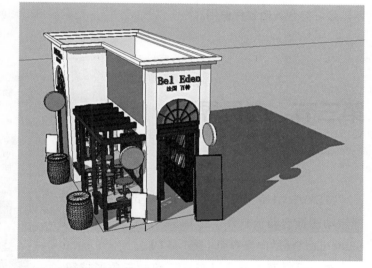

图1-7 模型内部　　　　　　　图1-8 模型的阴影和投影

## 七、编辑管理便利

　　SketchUp Pro对实体的管理不同于其他软件的"层"与"组"，而是采用了方便、实用的"组"功能，并以"组件"作为补充，这样的分类更接近于现实对象，便于管理，也更方便使用者之间进行交流与共享，极大地提高了工作效率。

## 八、文件高度兼容

　　SketchUp Pro不仅能将.dwg、.3ds、.dea等格式的模型导入操作界面，还支持.jpg、.png、.psd等格式的材质贴图。

此外，SketchUp Pro还可以将模型导出为多种格式的文件（图1-9），导出的文件可以输出到Artlantis、Piranesi等软件中渲染，也可以导出通用的.3ds和.obj格式，方便在其他建模软件中进一步编辑。

### 九、缺陷及解决方法

SketchUp Pro在要求严谨的工程制图和仿真效果表现上较弱，所以在要求较高的效果表现中，最好配合其他软件使用。

SketchUp Pro在曲线建模方面也表现得不够理想，当对曲线物体建模时，可以先在AutoCAD中绘制好轮廓或剖面图，再将文件导入SketchUp Pro中进一步处理。SketchUp Pro本身的渲染功能也较弱，所以最好结合其他软件使用。

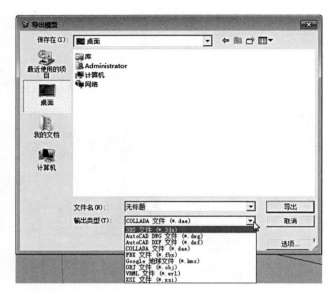

图1-9 模型导出格式

# 第三节 向导界面

将SketchUp Pro安装好后，双击桌面上的快捷启动图标启动该软件（图1-10），首先出现的是SketchUp Pro的向导界面（图1-11）。

在向导界面中单击"模板"前的三角形按钮，在打开的"模板"下拉列表中可以选择需要的模板（图1-12）。

在一般情况下，建筑设计选择"建筑设计—毫米"模板，产品设计选择"产品设计和木器加工—毫米"模板。

设置完成后单击"开始使用SketchUp"按钮，即可进入SketchUp Pro的工作界面。

图1-11 SketchUp Pro的向导界面

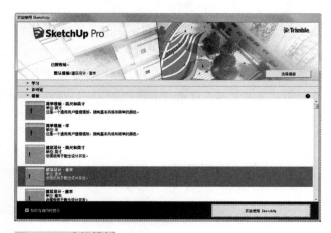

图1-10 SketchUp Pro快捷启动图标

图1-12 选择模板

# 第四节　工作界面

SketchUp Pro的工作界面由标题栏、菜单栏、工具栏、绘图区、控制框和状态栏组成（图1-13）。

## 一、标题栏

标题栏位于工作界面最顶部，显示SketchUp Pro图标、当前编辑的文件名称、软件版本，最右侧是最小化、最大化和关闭窗口等控制按钮。这些与其他软件基本一致。

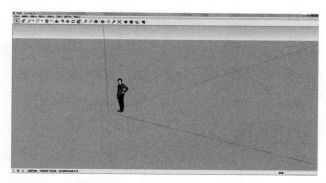

图1-13　工作界面

## 二、菜单栏

位于标题栏下方的是菜单栏，由"文件""编辑""视图""相机""绘图""工具""窗口""帮助"8个主菜单组成，如果安装有插件，还会有"插件"菜单。

### 1. 文件

"文件"菜单中包含一系列管理场景文件的命令，如"新建""打开""保存""导入""导出""打印"等（图1-14）。

（1）新建。单击该命令可新建一个SketchUp Pro文件，并关闭当前文件，快捷键为Ctrl+N，如当前文件没有进行保存，会弹出是否保存当前文件的提示信息（图1-15），如需同时编辑多个文件，可另外打开SketchUp Pro应用窗口。

（2）打开。单击该命令可打开需要编辑的文件，同样，如当前文件没有进行保存，会弹出提示信息。

（3）保存。单击该命令可保存当前编辑的文件，快捷键为Ctrl+S。

（4）另存为。单击该命令可将当前编辑的文件另存，快捷键为Ctrl+Shift+S。

（5）副本另存为。该命令用于保存过程文件，该命令只有对当前文件命名后才能被激活。

图1-14　"文件"菜单　　　图1-15　"保存"对话框

（6）另存为模板。单击该命令可将当前文件另存为一个SketchUp Pro模板。

（7）还原。单击该命令可返回到上一次保存的状态。

（8）发送到LayOut。单击该命令可将场景模型发送到LayOut中进行图纸布局等操作。

（9）在Google地球中预览/地理位置。将这两个命令结合使用可在Google地球中预览模型场景。

（10）3D模型库。单击该命令下的子命令可在3D模型库中下载需要的模型，也可将模型上传。

（11）导入。单击该命令，可在弹出的"打开"对话框中选择其他文件插入SketchUp Pro中，可以

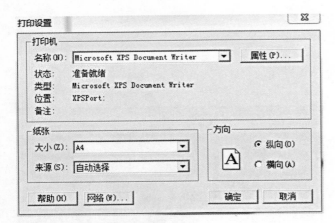

图1-16 "打印设置"对话框　　　图1-17 "编辑"菜单　　图1-18 "取消隐藏"命令

是组件、图像、DWG/DXF文件、3DS文件等。

（12）导出。单击该命令，可在该命令的子命令中选择导出文件的类型，包括三维模型、二维模型、剖面和动画，后面章节会详细介绍。

（13）打印设置。单击该命令会弹出"打印设置"对话框（图1-16），在此可设置打印机和纸张。

（14）打印预览。指定打印设置完成后，单击该命令可预览打印在纸上的效果。

（15）打印。单击该命令可打印当前绘图区显示的内容，快捷键为Ctrl+P。

（16）生成报告。单击该命令可自动生成正在打开处理的文件信息，供查阅模型与场景文件的各种信息。

（17）最近的文件。该区域内会显示出最近打开的模型与场景文件名，单击相关文件名可快速打开该文件。

（18）退出。单击该命令可关闭当前文件和SketchUp Pro应用窗口。

**2. 编辑**

"编辑"菜单中包含一系列对场景中的模型进行编辑操作的命令，如"撤销""剪切""复制""隐藏""锁定"等（图1-17）。

（1）撤销。单击该命令可返回上一步操作，快捷键为Ctrl+Z。

（2）重做。单击该命令可取消"撤销"的命令，快捷键为Ctrl+Y。

（3）剪切/复制/粘贴。使用这三个命令可以将选中的对象在不同的SketchUp Pro程序窗口之间进行移动，快捷键分别为Ctrl+X、Ctrl+C、Ctrl+V。

（4）原位粘贴。使用该命令可以将复制的对象粘贴到原坐标。

（5）删除。单击该命令可将选中的对象从场景中删除，快捷键为Delete。

（6）删除导向器。单击该命令可将场景中的所有辅助线删除，快捷键为Ctrl+Q。

（7）全选。单击该命令可将场景中的所有可选物体选择，快捷键为Ctrl+A。

（8）全部不选。单击该命令可取消对当前所有元素的选择，与"全选"命令相反，快捷键为Ctrl+T。

（9）隐藏。单击该命令可将所选的物体隐藏，快捷键为H。

（10）取消隐藏。该命令里包含三个子命令，分别是"选定项""最后""全部"（图1-18），单击"选定项"命令可将所选的隐藏物体显示，单击"最后"命令可将最近一次隐藏的物体显示，单击"全部"命令可将所有隐藏的对象显示，对不显示的图层无效。

（11）锁定/取消锁定。单击"锁定"命令可将当前选择的对象锁定，使其不能被编辑，单击"取消锁定"命令可解除对象的锁定状态。

（12）创建组件/创建组/关闭组/组件。这一组命令能对单个模型进行组合，使零散模型成组，并能进行编辑管理。

（13）相交（I）平面。选择多个相交模型时，可以通过此命令找出多个模型之间的相交面。

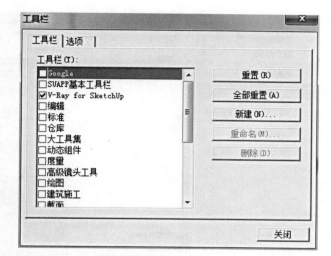

图1-19 "视图" 菜单　　图1-20 "工具栏" 对话框

（14）没有选择内容。当选择模型时，在此命令中可以查看模型的各种信息，并可以进行编辑。

### 3. 视图

"视图" 菜单中包含与工具栏设置、模型显示和动画等功能相关的命令，如 "工具条" "截面" "阴影" "边线样式" 等（图1-19）。

（1）工具条。单击该命令可弹出 "工具栏" 对话框（图1-20），勾选需要的工具栏，即可在绘图区显示相应的工具栏。

（2）场景标签。用于设置绘图窗口顶部场景标签是否显示。

（3）隐藏几何图形。勾选该命令可将隐藏的物体以虚线的形式显示。

（4）截面。勾选该命令可将模型的任意截面显示。

（5）截面切割。勾选该命令可将模型的剖面显示。

（6）轴。勾选该命令可将隐藏的绘图区坐标轴显示。

（7）导向器。勾选该命令可查看建模过程中的辅助线。

（8）阴影。勾选该命令可将模型投射到地面上的阴影显示。

（9）雾化。勾选该命令可显示雾化效果。

（10）边线样式。该命令包含5个子命令（图1-21），"显示边线" 和 "后边线" 命令用于激活模型显示的边线，"轮廓" "深度暗示" "延长" 命令用于激活相应的边线渲染模式。

（11）正面样式。该命令包含6种显示模式，分别是 "X射线" "线框" "隐藏线" "阴影" "带纹理的阴影" "单色"（图1-22）。

（12）组件编辑。该命令包含两个子命令，分别是 "隐藏模型的其余部分" 和 "隐藏类似的组件"（图1-23），用于改变编辑组件的显示方式。

（13）动画。该命令包含用于添加或删除页面及控制动画播放的子命令（图1-24）。

图1-21 "边线样式"命令

图1-22 "正面样式"命令

图1-23 "组件编辑"命令

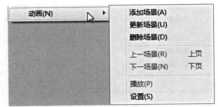

图1-24 "动画"命令

图1-25 "镜头"菜单

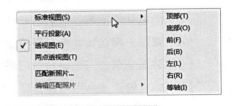

图1-26 "标准视图"命令

### 4. 镜头

"镜头"菜单中包含一系列用于更改模型视点的命令，如"标准视图""平行投影""透视图""环绕观察""缩放"等（图1-25）。

（1）上一个/下一个。单击"上一个"命令可返回上一个视角，返回上一个视角后单击"下一个"命令可向后翻看下一个视角。

（2）标准视图。通过该命令下的子命令可以调整当前视图到标准角度，包括"顶部""底部""前""后""左""右""等轴"（图1-26）。

（3）平行投影。勾选该命令可将显示模式改为

"平行投影"。

（4）透视图。勾选该命令可将显示模式改为"透视图"。

（5）两点透视图。勾选该命令可将显示模式改为"两点透视图"。

（6）匹配新照片。单击该命令可导入照片为材质，为模型贴图。

（7）编辑匹配照片。该命令用于编辑匹配的照片。

（8）环绕观察。单击该命令可对模型进行旋转查看。

（9）平移。单击该命令可对视图进行平移。

（10）缩放。单击该命令后，可按住鼠标左键拖动，对视图进行缩放。

（11）视角。单击该命令后，可按住鼠标左键拖动，使视角变宽或变窄。

（12）缩放窗口。使用该命令可将选定的区域放大至充满绘图窗口。

（13）缩放范围。单击该命令可使场景充满绘图窗口。

（14）缩放照片。该命令用于使背景照片充满绘图窗口。

（15）定位镜头。使用该命令可将镜头精确放置到眼睛高度或置于某个精确的点。

（16）漫游。使用该命令可以调用"漫游"工具，对场景模型进行动态观看。

（17）正面观察。使用该命令可以在镜头的位置沿Z轴旋转观察模型。

### 5. 绘图

"绘图"菜单中包含用于绘制图形的命令，例如"线条""圆弧""矩形"等（图1-27）。

（1）线条。单击该命令后，可在绘图区绘制线条。

（2）圆弧。单击该命令后，可在绘图区绘制圆弧。

（3）徒手画。单击该命令后，可在绘图区绘制不规则的曲线。

（4）矩形。单击该命令后，可在绘图区绘制矩形面。

（5）圆。单击该命令后，可在绘图区绘制圆。

（6）多边形。单击该命令后，可在绘图区绘制规则的多边形。

（7）沙盒。使用该命令下的子命令可以根据等高线或网格创建地形（图1-28）。

### 6. 工具

"工具"菜单中包含SketchUp Pro所有的修改工具，如"橡皮擦""移动""旋转""偏移"等（图1-29）。

（1）选择。单击该命令后，可选择特定的实体。

（2）橡皮擦。单击该命令后，可擦除绘图窗口中的边线、辅助线等。

（3）颜料桶。单击该命令后，可打开"使用层颜色材料"编辑器，为模型赋予材质。

（4）移动。单击该命令后，可移动、拉伸、复制几何体，也可旋转组件。

（5）旋转。单击该命令后，可对绘图要素、单个、多个物体或选中的一部分物体进行旋转、拉伸或扭曲。

（6）调整大小。单击该命令后，可对选中的实体进行缩放。

（7）推/拉。单击该命令后，可对模型中的面进行移动、挤压或删除。

图1-27 "绘图"菜单　　图1-29 "工具"菜单

图1-28 "沙盒"命令

（8）跟随路径。单击该命令后，可使面沿某一连续的边线路径进行拉伸。

（9）偏移。单击该命令后，可在原始面的内部和外部偏移边线，创造出新的面。

（10）外壳。单击该命令后，可将两个组件合并为一个物体并自动成组。

（11）实体工具。该命令可对组件进行"相交""并集""减去"等运算（图1-30）。

（12）卷尺。单击该命令后，可绘制辅助线，使建模更加精确。

（13）量角器。单击该命令后，可绘制一定角度的辅助线。

（14）轴。单击该命令后，可设置坐标轴，也可对坐标轴进行修改。

（15）尺寸。单击该命令后，可在模型中标注尺寸。

（16）文本。单击该命令后，可在模型中输入文本。

（17）三维文本。单击该命令后，可在模型中放置三维文字，并可对三维文字进行大小、厚度等设置。

（18）截平面。单击该命令后，可显示物体的截平面。

（19）高级镜头工具。该命令下包含一系列设置镜头的命令，如"创建镜头""仔细查看镜头""选择镜头类型"等（图1-31）。

（20）互动。单击该命令后，可以改变动态组件的动态变化。

图1-30　"实体工具"命令

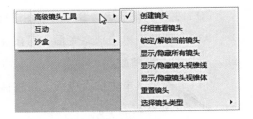

图1-31　"高级镜头工具"命令

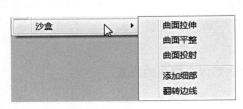

图1-32　"沙盒"命令

图1-33　"插件"菜单

（21）沙盒。该命令下包含五个子命令，分别为"曲面拉伸""曲面平整""曲面投射""添加细部""翻转边线"（图1-32）。

### 7. 插件

"插件"菜单需要额外安装，其中包含添加的大部分绘图功能插件（图1-33）。

### 8. 窗口

"窗口"菜单中包含场景编辑器和管理器，如"模型信息""组件""图层""阴影"等（图1-34），如图1-35所示为"阴影设置"对话框。

（1）模型信息。单击该命令可弹出"模型信息"管理器。

（2）图元信息。单击该命令可弹出"图元信息"管理器。

（3）使用层颜色材料。单击该命令可弹出"使用层颜色材料"编辑器。

（4）组件。单击该命令可弹出"组件"编辑器。

（5）样式。单击该命令可弹出"样式"编辑器。

（6）图层。单击该命令可弹出"图层"编辑器。

（7）大纲。单击该命令可弹出"大纲"管理器。

（8）场景。单击该命令可弹出"场景"管理器。

（9）阴影。单击该命令可弹出"阴影设置"管理器。

（10）雾化。单击该命令可弹出"雾化"对话框。

图1-34 "窗口"
菜单

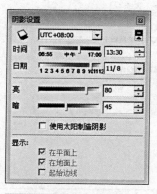

图1-35 "阴影设置"
对话框

图1-36 "帮助"菜单

（11）照片匹配。单击该命令可弹出"照片匹配"对话框。

（12）柔化边线。单击该命令可弹出"柔化边线"编辑器。

（13）工具向导。单击该命令可弹出"工具向导"管理器。

（14）使用偏好。单击该命令可弹出"使用偏好"管理器。

（15）扩展程序库。单击该命令可弹出"扩展程序库"对话框。

（16）隐藏对话框。单击该命令可隐藏所有对话框。

（17）Ruby控制台。单击该命令可弹出"Ruby控制台"对话框，在此可编写Ruby命令。

（18）组件选项/组件属性。通过这两个命令可设置组件的属性。

（19）照片纹理。使用该命令可以直接从Google地图上截取照片作为贴图赋予模型表面。

### 9. 帮助

"帮助"菜单中包含查看软件帮助、许可证、版本信息等命令（图1-36），通过这些命令可以了解软件的详细信息。

## 三、工具栏

工具栏通常位于菜单栏下方和绘图区左侧，包含常用的工具和用户自定义的工具及控件（图1-37）。

在菜单栏单击"视图—工具条"命令，可以打开"工具栏"对话框，在对话框"工具栏"选项卡中可以设置需要显示或隐藏的工具（图1-38），在"选项"选项卡中可以设置是否显示屏幕提示和图标的大小（图1-39）。

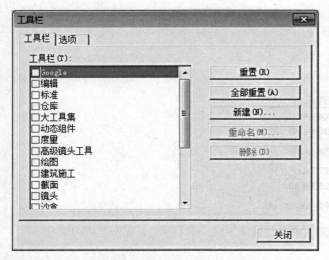

图1-37 工具栏

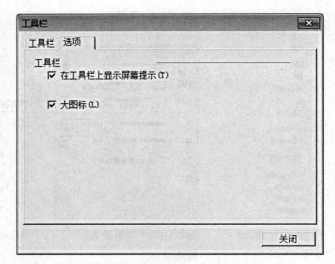

图1-38 "工具栏"对话框—"工具栏"选项卡 图1-39 "工具栏"对话框—"选项"选项卡

## 四、绘图区

占据界面中最大区域的是绘图区，绘图区也称绘图窗口，与其他3D建模软件不同，SketchUp Pro的绘图区只有1个视图，在绘图区中能够完成模型的创建与编辑，也可以调整视图（图1-40）。

SketchUp Pro的绘图区通过红、绿、蓝三条相互垂直的坐标轴标识3D空间，在菜单栏单击"视图轴"命令可以显示或隐藏坐标轴。

## 五、控制框

控制框位于绘图区的右下方，绘图过程中的尺寸信息会显示于此，可以通过键盘输入控制当前绘制的图形（图1-41）。控制框支持所有的绘制工具，控制框具有以下特点。

（1）绘制过程中，控制框的数值会随着鼠标移动动态显示。如果指定的数值不符合系统属性指定的数值精度，在数值前会显示"～"符号，表示该数值不够精确。

（2）数值的输入可以在命令完成前，也可以在命令完成后，在开始新的命令操作之前都可以改变输

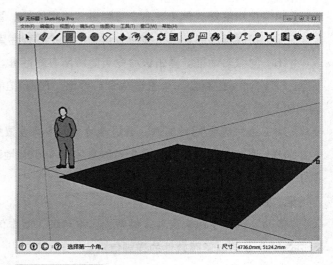

图1-40 绘图区

尺寸 4736.0mm, 5124.2mm

图1-41 控制框

入的数值，但开始新的命令操作后，数值框就不再对该命令起作用。

（3）键盘输入数值之前不需要单击数值框，直接在键盘上输入即可。

### 六、状态栏

状态栏位于控制框左侧，在此显示命令提示和状态信息，是对命令的描述和对操作的提示（图1-42）。提示信息会因为对象的不同而不同。

### 七、窗口调整

窗口调整位于界面的右下角，是一个由灰色点组成的倒三角符号，倾斜拖动该符号能够调整窗口的长宽和大小。当界面最大化显示时，窗口调整为隐藏状态，在标题栏上将界面缩小即可再次看到窗口调整（图1-43）。

图1-42　状态栏

图1-43　窗口调整

- 补充要点 -

**命令关联逻辑**

1. "文件"与"编辑"菜单中的命令适用于基础操作管理，与其他软件基本一致。
2. "视图"与"镜头"菜单能控制操作界面的显示方式，应用频率不高，一般用于最后定位构图。
3. "绘图"与"工具"菜单较常用，但多数命令都列在工具栏上了。
4. "窗口"菜单能对视图区中的场景设置显示效果。"插件"菜单需要额外安装才有，包括快捷高效的工具。"帮助"菜单能查阅软件信息。

## 第五节　优化界面设置

### 一、设置场景信息

在菜单栏单击"窗口—模型信息"命令，打开"模型信息"对话框（图1-44、图1-45），下面分别对各个选项的对话框进行讲解。

**1. 尺寸**

"尺寸"用于设置模型尺寸标注的样式，包括文本、引线、尺寸标注等（图1-46）。

**2. 单位**

"单位"用于设置文件默认的绘图单位和角度单位，以及是否启用角度捕捉（图1-47）。

**3. 地理位置**

在"地理位置"选项中能够设置模型所处的地理位置，以便准确模拟光照效果（图1-48）。

**4. 动画**

"动画"用于设置场景转换的过渡时间和场景延迟的时间（图1-49）。

**5. 统计信息**

"统计信息"用于显示当前场景中各种元素的数目和名称，单击"清除未使用项"按钮，可以清除未

图1-44 "窗口—模型
信息"命令

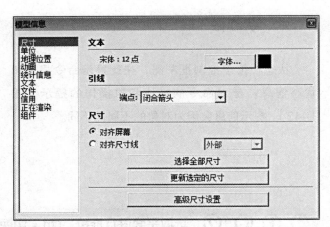

图1-45 "模型信息"对话框

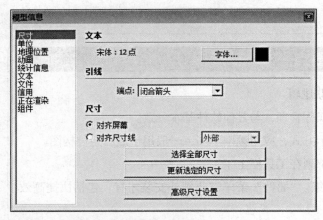

图1-46 "模型信息"对话框—"尺寸"

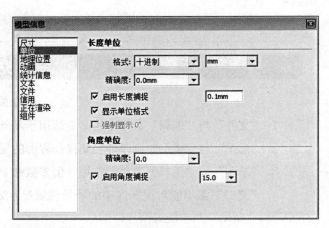

图1-47 "模型信息"对话框—"单位"

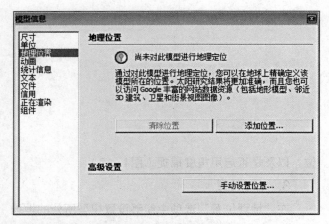

图1-48 "模型信息"对话框—"地理位置"

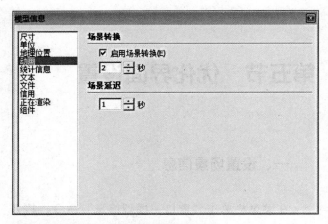

图1-49 "模型信息"对话框—"动画"

使用的组件、材质和图层（图1-50）。

### 6. 文本

"文本"用于设置屏幕文本、引线文本和引线的
字体颜色、样式和大小等（图1-51）。

### 7. 文件

"文件"用于设置当前文件的位置、版本、尺寸、
说明等（图1-52）。

### 8. 信用

"信用"用于显示模型作者、组件作者和声明归

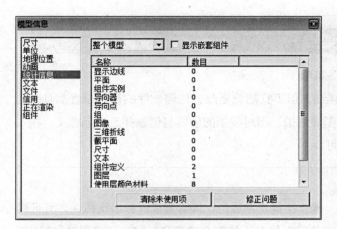

图1-50 "模型信息"对话框—"统计信息"

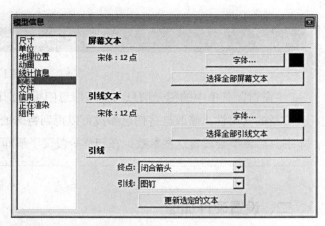

图1-51 "模型信息"对话框—"文本"

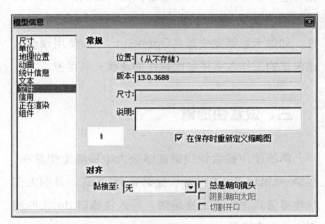

图1-52 "模型信息"对话框—"文件"

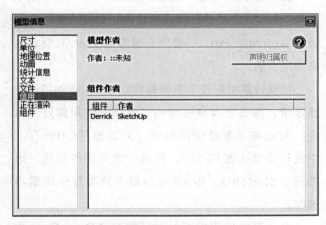

图1-53 "模型信息"对话框—"信用"

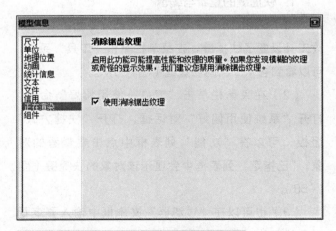

图1-54 "模型信息"对话框—"正在渲染"

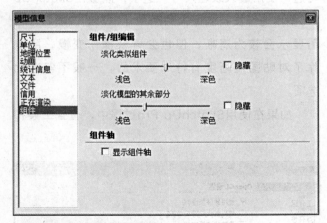

图1-55 "模型信息"对话框—"组件"

属权（图1-53）。

### 9. 正在渲染

"正在渲染"用于提高性能和纹理的质量，要勾选"使用消除锯齿纹理"选项（图1-54）。

### 10. 组件/组编辑

"组件/组编辑"用于设置类似组件和模型的其余部分的显示或隐藏效果（图1-55）。

> **- 补充要点 -**
>
> **"窗口"菜单**
>
> "窗口"菜单中的图元信息与模型信息门类特别详细，但不宜随意更改，任何软件的初始设置都具有很广泛的实用性。修改这些信息参数可以得到特殊的图面效果，但对模型的创建与创意并无实际意义。在本书其后章节会设置这些参数，在初学阶段仅了解即可。

## 二、设置硬件加速

SketchUp Pro是一款依赖内存、CPU、3D显示卡和OpenGL驱动的三维建模软件，如想流畅、稳定运行SketchUp Pro，一款完全兼容的OpenGL驱动是必不可少的。

如果计算机配备了完全兼容OpenGL硬件加速的显示卡，那么在菜单栏单击"窗口—使用偏好"命令，可以在"系统使用偏好"对话框"OpenGL"中进行设置（图1-56），勾选"使用硬件加速"选项后，SketchUp Pro将利用显卡提高显示质量与速度。

在"系统使用偏好"对话框的"OpenGL"中勾选"使用最大纹理尺寸"选项，能够让SketchUp Pro使用显卡支持的最大贴图尺寸，勾选该项后，贴图显示会较为清晰，但也会导致操作变慢，所以除了对贴图清晰度有特殊要求的，一般不勾选此选项。

如果在使用SketchUp Pro过程中，有些工具和操作不能正常运行，或者渲染时会出现错误，有可能是因为显卡不能完全兼容OpenGL，遇到这种情况，先将显卡驱动程序升级至最新，如问题仍未解决，只能取消"使用硬件加速"选项的勾选，以提高稳定性。如显卡能够完全兼容OpenGL，那么使用硬件加速模式的工作效率将会比软件加速模式高得多。

## 三、设置快捷键

熟练使用键盘快捷键能够极大地提高工作效率，在SketchUp Pro中设置快捷键有3种方式，分别为在快捷键管理面板中直接编辑、导入快捷键.dat文件和双击注册表文件。

### 1. 快捷键的查看与编辑

（1）SketchUp Pro已经为大部分绘图工具和修改工具设置了快捷键，在菜单栏单击"工具"菜单，可以看到各个工具的快捷键（图1-57）。

（2）在菜单栏单击"窗口—使用偏好"命令，打开"系统使用偏好"对话框，打开"快捷方式"面板，可以在"功能"列表框中点击要查看的对象，"已指定"列表框中会显示该对象的快捷键（图1-58）。

（3）也可以在"过滤器"文本框中输入要查看对象的名称，如"旋转"，在"功能"列表框中选取对象，其快捷键就显示在"已指定"列表框中了（图1-59）。

（4）选择"已指定"列表框中的快捷键，并且单击右侧的"-"按钮，将其删除（图1-60），再在"添加快捷方式"列表框中输入自己习惯的快捷键，并单击右侧的"+"按钮（图1-61）。

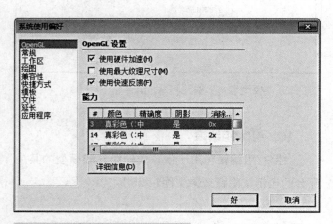

图1-56 "系统使用偏好"对话框

图1-57 "工具"菜单

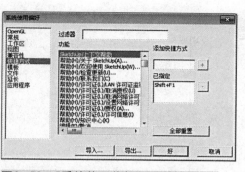

图1-58 "系统使用偏好"对话框—"快捷方式"

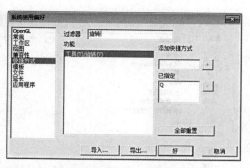

图1-59 "过滤器"文本框—"旋转"

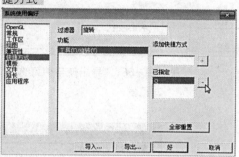

图1-60 "已指定"列表框

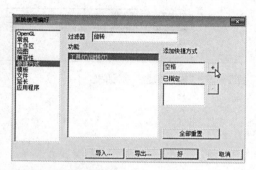

图1-61 添加快捷方式

（5）在弹出的提示菜单中单击"是"按钮（图1-62），此时，快捷键编辑完成（图1-63）。如当前对象没有指定的快捷键，直接为其添加即可。

**2. 快捷键的导入与导出**

（1）快捷键设置完成后，可以将其导出保存，免去每次重装软件后都要再对快捷键进行设置。在菜单栏单击"窗口—使用偏好"命令，打开"系统使用偏好"对话框，打开"快捷方式"面板，单击"导出"按钮（图1-64）。

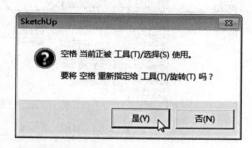

图1-62 单击"是"按钮

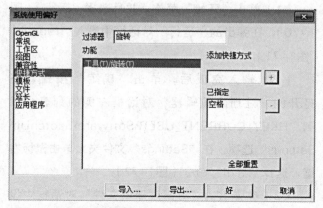

图1-63 快捷键编辑完成

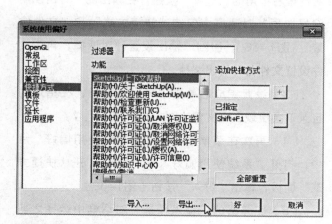

图1-64 快捷方式导出

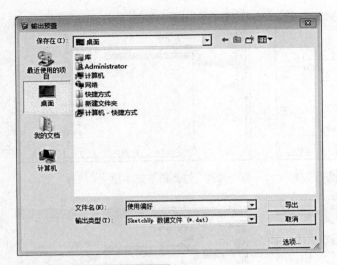

图1-65 "输出预置"对话框

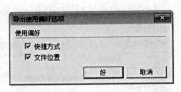

图1-66 "导出使用偏好选项"
对话框

图1-67 导出DAT文件

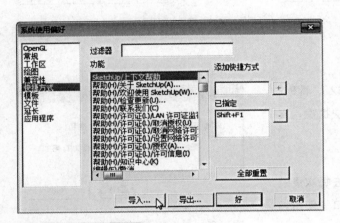

图1-68 快捷方式导入

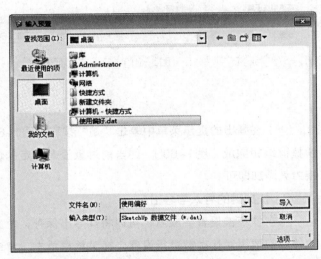

图1-69 "输入预置"对话框

（2）弹出"输出预置"对话框（图1-65），单击对话框右下角的"选项"按钮，在弹出的"导出使用偏好选项"对话框中勾选"快捷方式"和"文件位置"（图1-66），回到"输出设置"对话框，再为文件设置文件名和导出路径。

（3）设置完成后单击"导出"按钮，在指定的目录下会出现DAT文件（图1-67）。

（4）再次在菜单栏单击"窗口—使用偏好"命令，打开"系统使用偏好"对话框，打开"快捷方式"面板，单击"导入"按钮（图1-68）。

（5）在弹出的"输入预置"对话框中选择之前导出的DAT文件（图1-69），单击"导入"按钮，即可完成导入。

**3. 以注册表形式导入与导出快捷键**

（1）单击"开始"菜单，并且选择"运行"（图1-70），在弹出的"运行"对话框中输入"regedit"（图1-71）。

（2）输入完成后，单击"确定"按钮，在打开的"注册表编辑器"对话框左侧的列表中找到"HKEY_CURRENT_USER\Software\SketchUp\Settings"选项，在"Settings"文件夹上单击鼠标右键，选择"导出"命令（图1-72）。

（3）在弹出的"导出注册表文件"对话框中设置"导出范围"为"所选分支"，并为文件设置导出

图1-70 "开始"菜单—"运行"

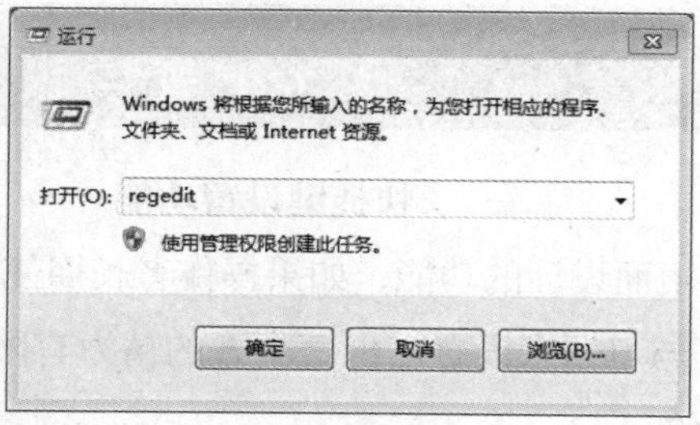

图1-71 输入"regedit"

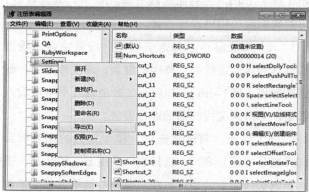

图1-72 "注册表编辑器"对话框

图1-73 "导出注册表文件"对话框

路径和文件名（图1-73）。

（4）设置完成后单击"保存"按钮，在指定的目录下会出现REG文件（图1-74）。

（5）需要导入快捷键时双击该文件，在弹出的"注册表编辑器"对话框中单击"是"按钮（图1-75），即可将快捷键成功导入（图1-76）。

图1-74 导出REG文件

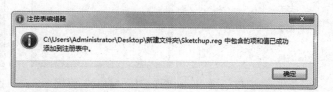

图1-75 单击"是"按钮

图1-76 快捷键成功导入

**- 补充要点 -**

**快捷键设置功能**

快捷键是根据特殊工作环境而设计的功能，如果操作者长期使用该软件从事某一类型的模型创建与方案表现，可以根据自己的喜好与习惯来设置。但每个人的精力有限，记忆过多自定义快捷键就容易混淆，建议初学者不要变更初始快捷键。

### 四、设置显示风格样式

在SketchUp Pro "样式"面板中能够对边线、表面、背景和天空的显示效果进行设置，通过显示样式的更改，能够体现画面的艺术感和独特的个性。在菜单栏单击"窗口—样式"命令打开"样式"面板（图1-77、图1-78）。

#### 1. 选择"样式"

SketchUp Pro自带了7种样式目录，分别是"Photo Modeling""Style Builder竞赛获奖者""手绘边线""混合样式""直线""预设样式""颜色集"（图1-79），在"样式"面板中，单击"样式"即可将其应用到场景中。

#### 2. "边线"设置

在"样式"面板中单击"编辑"选项卡，在"编辑"选项卡中有5个设置按钮，最左侧为"边线"设

置，单击"边线"设置按钮，在下面可以对模型的边线进行设置（图1-80）。

（1）显示边线。勾选该选项，可以显示模型的边线（图1-81），不勾选则隐藏边线（图1-82）。

（2）后边线。勾选该选项，模型背部被遮挡的边线将以虚线的形式显示（图1-83）。

（3）轮廓。勾选该选项，模型的轮廓线会被显示（图1-84），在后面的数值输入框中可输入数值，可对轮廓线的粗细进行设置。

（4）深度暗示。勾选该选项，场景中会出现近实远虚的深度线效果，离相机越近，深度线越强，越远则越弱（图1-85），在后面的数值输入框中可输入数值，可对深度线的粗细进行设置。

（5）延长。勾选该选项，模型边线的端点都会向外延长（图1-86），延长线只是视觉上的延长，不会影响边线端点的捕捉，在后面的数值输入框中输入

图1-77 "窗口—样式"命令

图1-78 "样式"面板

图1-79 "样式"目录

图1-80 "样式"面板—"编辑"

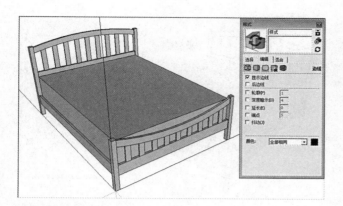

图1-81　显示边线

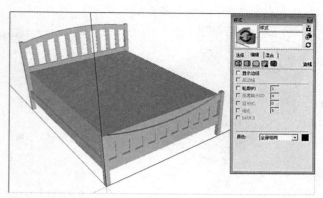

图1-82　隐藏边线

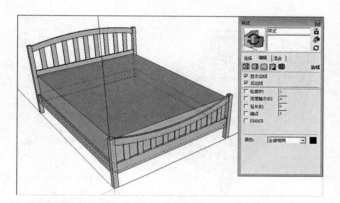

图1-83　显示后边线

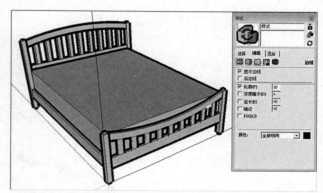

图1-84　显示轮廓

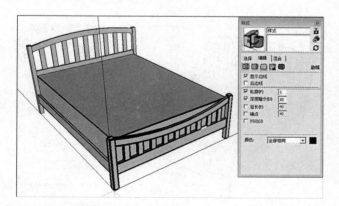

图1-85　深度暗示

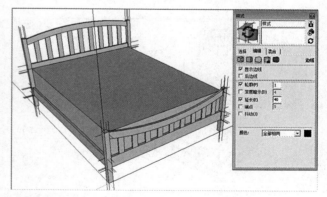

图1-86　延长

数值可对延长线的长短进行设置。

　　（6）端点。勾选该选项，模型边线的端点处会被加粗，模拟手绘的效果（图1-87），在后面的数值输入框中输入数值可对端点的延伸值进行设置。

　　（7）抖动。勾选该选项，模型的边线会出现抖动，模拟草稿图的效果（图1-88），但不会影响模型被捕捉。

　　（8）颜色。该选项用来设置模型边线的颜色，并提供了三种显示方式（图1-89）。点击"全部相同"可以使边线的颜色显示一致，单击右侧颜色块，可对颜色进行设置（图1-90）。

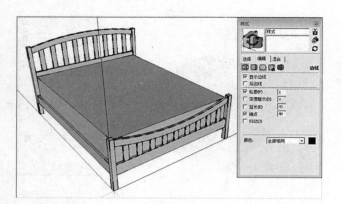

图1-87　端点

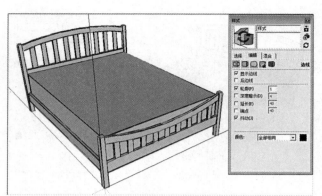

图1-88　抖动

图1-89　颜色显示方式

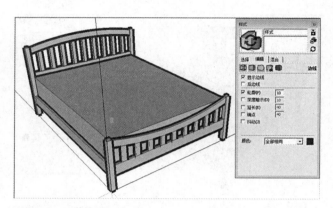

图1-90　颜色设置

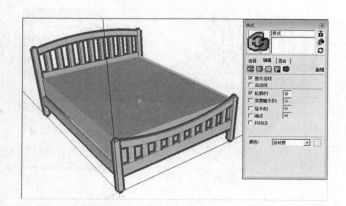

图1-91　"按材质"显示边线颜色

图1-92　"按轴"显示边线颜色

图1-93　"平面"
设置

点击"按材质"是根据材质来显示边线颜色（图1-91）。点击"按轴"是根据边线轴线来显示边线颜色（图1-92）。

### 3. "平面"设置

在"编辑"选项卡中单击"平面"设置按钮，在下面可以对模型的面进行设置（图1-93）。

（1）线框样式。单击该按钮，模型将以简单线条显示，且不能使用基于表面的工具（图1-94）。

（2）消隐样式。单击该按钮，模型将以边线和表面的集合来显示，没有贴图与着色（图1-95）。

图1-94　线框样式

图1-95　消隐样式

---

**- 补充要点 -**

**显示边线**

　　创建普通模型仅勾选"显示边线"即可，表现效果清晰明了。创建特别复杂的模型可以不选择"显示边线"，避免线条过多，相互堆积，干扰视觉效果。仅创建单体模型，可以勾选"显示边线"与"后边线"，能看到模型后方轮廓，随时掌握模型的方向与环绕效果。"轮廓"与"深度暗示"不宜设置过大。"延长""端点"和"抖动"能营造出手绘效果，但不适用于最终方案表现。除非是特殊场景，一般不修改"颜色"。这些显示风格的选择仅取决于操作者的个人喜好。

---

　　（3）着色样式。单击该按钮，模型将会显示所有应用到面的材质以及根据光源应用的颜色（图1-96）。

　　（4）贴图样式。单击该按钮，模型应用到面的贴图都会被显示，这种显示方式会降低软件的操作速度（图1-97）。

图1-96　着色样式

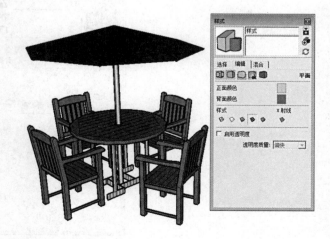

图1-97　贴图样式

（5）单色样式。单击该按钮，模型就像线和面的集合体，与消隐样式特别相似（图1-98）。这时，SketchUp Pro会以默认材质的颜色来显示模型的正面和背面，易于分辨。

（6）X射线样式。单击该按钮，模型将以透明的面显示（图1-99），该样式可以与其他样式配合使用，便于对原来被遮住的点和边线进行操作。

### 4."背景"设置

在"编辑"选项卡中单击"背景"设置按钮，可以对场景的背景进行设置，也可以模拟出具有大气效果的天空和地面，并显示地平线（图1-100）。

### 5."水印"设置

在"编辑"选项卡中单击"水印"设置按钮，可以设置模拟背景或添加标签（图1-101）。

（1）"添加水印"按钮。单击该按钮即可添加水印。

（2）"删除水印"按钮。单击该按钮即可删除水印。

（3）"编辑水印设置"按钮。单击该按钮，在弹出的"编辑水印"对话框中可对水印的位置、大小等进行设置。

（4）"下移水印"按钮/"上移水印"按钮。用于切换水印图像在模型中的位置。

### 6."建模"设置

在"编辑"选项卡中单击"建模"设置按钮，在此可以对模型的各种属性进行设置（图1-102），比如选定项的颜色、截平面的颜色等。

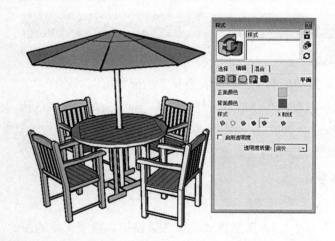

图1-98 单色样式

图1-99 X射线样式

图1-100 "背景"设置

图1-101 "水印"设置

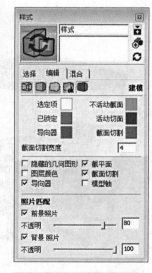

图1-102 "建模"设置

### 7."混合"样式

在"样式"面板中单击"混合"选项卡（图1-103），在"选择"对话框中选择一种样式，此时光标为吸管状态（图1-104），然后在"混合"选项卡中的"边线设置"上单击鼠标匹配到"边线设置"中，此时光标为油漆桶状态（图1-105），选取一种风格匹配到"平面设置""背景设置"等选项中，就完成了混合样式的设置（图1-106）。

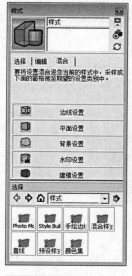

图1-103 "混合"样式

图1-104 "选择"样式

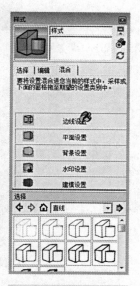

图1-105 匹配到"边线设置"

图1-106 "混合"样式的设置

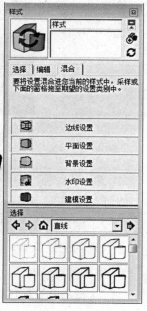

## 五、设置天空、地面与雾效

### 1. 天空与地面

SketchUp Pro能够在场景中模拟具有大气效果的天空和地面，还能够显示地平线。在菜单栏单击"窗口—样式"命令打开"样式"面板，在"编辑"选项卡中单击"背景"设置按钮，在此可以对背景、天空和地面的颜色进行设置（图1-107）。

（1）背景。单击色块即可设置背景颜色（图1-108）。

（2）天空。勾选该选项，可在场景中显示渐变的天空效果，单击色块可设置天空颜色（图1-109）。

（3）地面。勾选该选项，在场景中从地平线开始向下显示渐变的地面效果，单击色块可设置地面颜色（图1-110）。

（4）地面透明度。用于设置不同透明度的渐变地面效果，调节透明度，能够看到地平面以下的几何体。

（5）从下面显示地面。勾选该选项，当从地平面下方向上看时能够看到渐变的地面效果，如图1-111、图1-112所示为不勾选该选项与勾选该选项时的效果。

### 2. 雾化效果

在菜单栏单击"窗口—雾化"命令即可打开"雾化"对话框（图1-113），在此可以为场景中的大雾效果设置浓度和颜色等。

图1-107 "背景"
设置

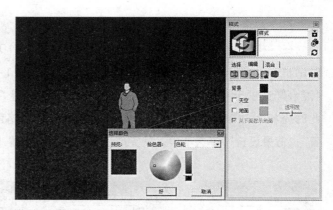

图1-108 设置背景颜色

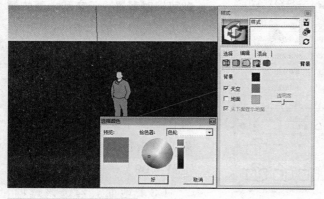

图1-109 设置天空颜色

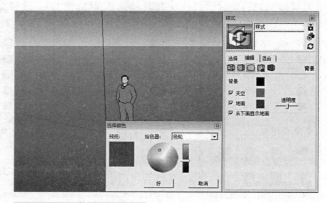

图1-110 设置地面颜色

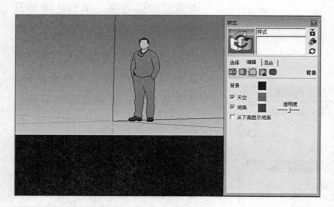

图1-111 不勾选"从下面显示地面"

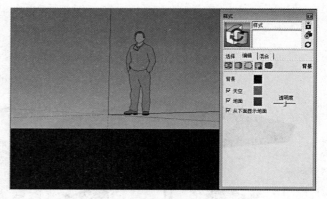

图1-112 勾选"从下面显示地面"

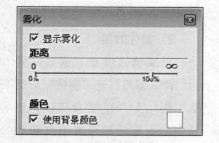

图1-113 "雾化"对话框

（1）显示雾化。勾选该选项，场景中可以显示雾化效果（图1-114），不勾选该选项，则隐藏雾化效果（图1-115）。

（2）距离。该选项用于设置雾效的距离与浓度，数字0表示雾效相对于视点的起始位置，滑块向右移动，雾效相对视点较远。无穷符号"∞"表示雾效的浓度，滑块向左移动，雾效浓度升高。

（3）使用背景颜色。勾选该选项，将使用背景颜色作为雾效颜色。

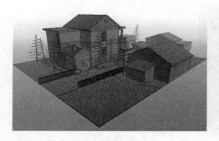

图1-114　显示雾化效果

图1-115　隐藏雾化效果

## 六、创建颜色渐变的天空

（1）打开素材中的"第一章—1创建颜色渐变的天空"文件（图1-116）。在菜单栏单击"窗口—默认面板—风格"命令（图1-117），打开"默认面板"，在"编辑"选项卡中单击"背景"按钮，将天空颜色设置为蓝色（图1-118）。

（2）在菜单栏单击"窗口—默认面板—雾化"命令，在"雾化"对话框中将"显示雾化"勾选，取消"使用背景颜色"的勾选，单击颜色块，将颜色设置为黄色（图1-119）。

（3）再将"雾化"对话框中的两个滑块拉至两端（图1-120），此时，颜色渐变的天空创建完成，效果如图1-121所示。

图1-116　打开素材

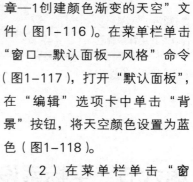

图1-117　"窗口—默认面板—风格"命令

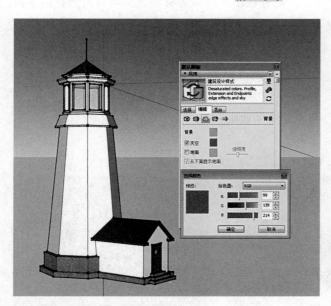

图1-118　天空颜色设置为蓝色

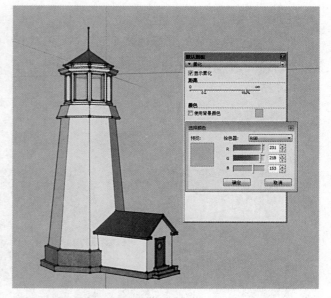

图1-119　背景颜色设置为黄色

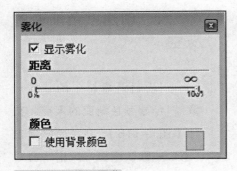

图1-120　设置雾化

图1-121　雾化效果

# 第六节　坐标系设置

## 一、重设坐标轴

（1）首先在场景中创建一个长方体，选取菜单栏"工具—轴"，此时鼠标光标变成了坐标轴状态，将光标放置在目标位置，单击并移动鼠标定义X轴的新轴向（图1-122）。

（2）移动鼠标，定义Y轴的新轴向（图1-123），Z轴会自动垂直于X、Y平面，此时坐标轴重新设置完成（图1-124）。

（3）如需将设置的坐标轴恢复到默认，在绘图区的坐标轴上单击鼠标右键，选择"重置"命令即可（图1-125）。

## 二、对齐

### 1. 对齐轴

"对齐轴"命令能够使坐标轴与物体表面对齐，在需要对齐的表面上单击鼠标右键，选择"对齐轴"命令即可（图1-126）。

### 2. 对齐视图

"对齐视图"命令能够使镜头与当前选择的平面对齐，也可以使镜头垂直于坐标系的Z轴，与X、Y平面对齐。在需要对齐的表面或坐标轴上，单击鼠标右键，选择点击"对齐视图"命令（图1-127）。如图1-128所示为镜头垂直于坐标系的Z轴，与X、Y平面对齐的效果。

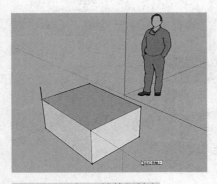

图1-122　定义X轴的新轴向

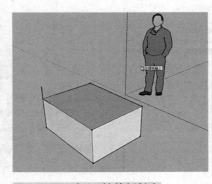

图1-123　定义Y轴的新轴向

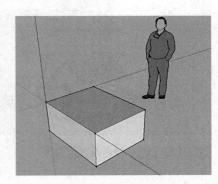

图1-124　坐标轴重新设置完成

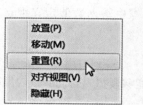

图1-125 "重置"命令

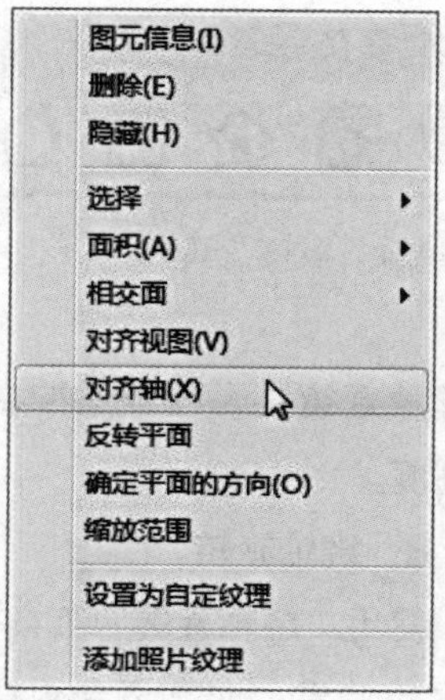

图1-126 "对齐轴"命令

图1-127 "对齐视图"命令

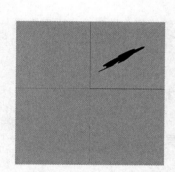

图1-128 Z轴与X、Y平面对齐的效果

图1-129 "视图—轴"命令

图1-130 隐藏坐标轴

### 3. 显示/隐藏坐标轴

有时为了观察的需要，会将坐标轴隐藏，在菜单栏单击"视图—轴"命令即可将轴显示或隐藏，在坐标轴上单击鼠标右键选择"隐藏"命令也可以将坐标轴隐藏（图1-129、图1-130）。

# 第七节 在界面中查看模型

## 一、使用相机工具栏查看

镜头工具栏中包含了9个工具（图1-131），分别为"环绕观察""平移""缩放""缩放窗口""充满视窗""上一个""定位相机""绕轴旋转""漫游"，使用这些工具能够对镜头进行环绕观察、平移、缩放等操作。

图1-131  镜头工具

图1-132  视图工具

### 1. 环绕观察

使用"环绕观察"工具能够使照相机绕着模型旋转，选择该工具后，按住鼠标左键并拖动即可旋转视图，该工具的默认快捷键为鼠标中键。

### 2. 平移

使用"平移"工具能够相对于视图平面，水平或垂直移动照相机，选择该工具后，按住鼠标左键并拖动即可平移视图，该工具的默认快捷键为Shift+鼠标中键。

### 3. 缩放

使用"缩放"工具能够动态放大或缩小当前视图，对照相机与模型间的距离和焦距进行调整，选择该工具后，在绘图区的任意位置按住鼠标左键，上下拖动即可缩放视图，向上拖动为放大视图；向下拖动为缩小视图，光标所在的位置为缩放中心。滚动鼠标中键也可实现视图缩放。选取"缩放"工具后，可以通过输入数值准确设置视角和照相机的焦距，如输入"30deg"表示30°的视角，输入"35mm"表示照相机的焦距为35mm。

### 4. 缩放窗口

使用"缩放窗口"工具能够将选择的矩形区域放大至全屏显示，选择该工具后，按住鼠标左键拖动矩形框即可。

### 5. 充满视窗

使用"充满视窗"工具能够使整个模型在绘图窗口居中并全屏显示，该工具的默认快捷键为Ctrl+Shift+E或Shift+Z。

### 6. 上一个

使用"上一个"工具能够恢复视图的更改，单击该工具即可查看上一视图。

### 7. 定位相机

使用"定位相机"工具能够设置镜头的位置和视点的高度，选择该工具后，可在绘图区单击鼠标左键放置镜头，在数值控制框中输入数值定义视点的高度。

### 8. 绕轴旋转

使用"绕轴旋转"工具能够模拟人转动脖子四周观看的效果，非常适合观察内部空间，选择该工具后，按住鼠标左键并拖动即可进行观察，可在数值控制框中输入数值定义视点的高度。

### 9. 漫游

使用"漫游"工具能够模拟人散步一样观察模型的效果，选择该工具后，在绘图区任意位置单击鼠标放置光标参考点，按住鼠标左键上下拖动即可前进或后退，按住鼠标左键左右拖动即可左转成右转。

## 二、使用视图工具栏查看

视图工具栏中包含6个工具（图1-132），分别为"等轴""俯视图""前视图""右视图""后视图""左视图"，使用这些工具可以在各个标准视图间切换。如图1-133所示为木床模型各个视图的效果。

## 三、查看模型的阴影

在菜单栏单击"视图—工具栏"命令，在弹出的"工具栏"对话框中勾选"阴影"选项（图1-134），可显示"阴影"工具栏（图1-135）。

### 1. 显示/隐藏阴影

单击该按钮，可将阴影显示或隐藏，阴影开启的状态下，可以调整右侧的日期和时间滑块。

### 2. 阴影设置

单击该按钮可以打开"阴影设置"对话框（图1-136），在菜单栏单击"窗口—阴影"命令也能打开该对话框。"阴影设置"对话框中包含"阴影"工具栏中的所有功能，还能够进行更具体的设置。

（ a ）

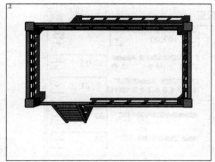
（ b ）

（ c ）

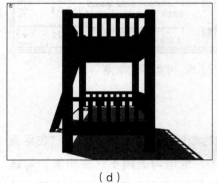
（ d ）

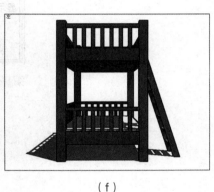
（ f ）

图1-133　木床模型各个视图

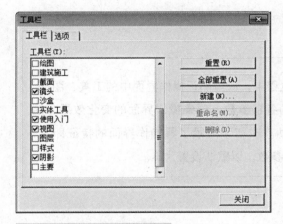

图1-134　勾选"阴影"选项

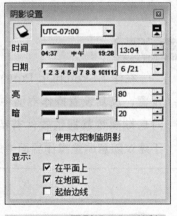

图1-136　"阴影设置"对话框

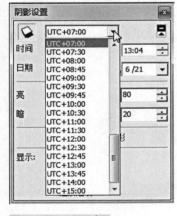

图1-137　UTC时区

图1-135　"阴影"工具栏

### 3. UTC

UTC表示世界协调时间、世界统一时间或世界标准时间，在下拉列表中可以选择时区（图1-137）。

### 4. 显示/隐藏详细信息

单击该按钮可以将扩展的阴影设置显示或隐藏，

如图1-138、图1-139所示为显示和隐藏的效果。

### 5. 时间/日期

在此可以通过拖动滑块或输入数值控制时间和日期。

### 6. 亮/暗

拖动亮滑块可调整模型表面的光照强度，拖动暗滑块可调整阴影的明暗程度。

### 7. 使用太阳制造阴影

勾选该选项，能够在不显示阴影的情况下，仍然按照场景中的光照显示模型表面的明暗关系。

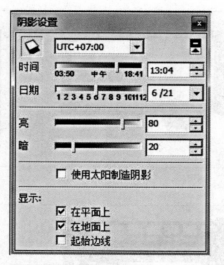

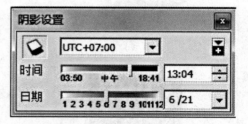

图1-138 扩展阴影显示　　　　　图1-139 扩展阴影隐藏

### 8. 显示

提供了"在平面上""在地面上""起始边线"三个选项，勾选"在平面上"选项，阴影会根据光照投影到模型上，取消勾选则不产生阴影；勾选"在地面上"选项，会显示地面投影；勾选"起始边线"选项，可以从独立的边线设置投影。

**本章小结**

在学习SketchUp Pro的过程中，应当熟记操作界面中的工具、图标、设置，反复设置操作界面中的各项参数，观察操作界面的变化效果，这对后期熟练掌握该软件有帮助。在初学阶段了解操作界面的特征即可，不建议随意调整操作界面中的参数，以默认设置为准。

**课后练习**

1. 上网搜集一批与所学专业相关的模型素材，整理、存储备用。

2. 建立场景，导入多种模型，深入认识模型的组成结构。

3. 熟悉SketchUp Pro中各种工具与命令，制作一件简单的家具。

# 第二章
# 图形绘制与编辑

PPT 课件

素材

教学视频

识读难度：★★☆☆☆
核心概念：图形、测量、标注、辅助线、
　　　　　图层

---

### ◣ 章节导读

　　本章介绍SketchUp Pro的图形绘制与编辑方法，绘制图形比较简单，但对图形进行修改、编辑就相对复杂了，需要预先设计好形体状态，有目的地进行编辑。

---

# 第一节　选择图形与删除图形

## 一、选择图形

在使用其他工具之前需要先使用"选择"工具指定操作的对象，"选择"工具的默认快捷键为空格键，使用"选择"工具选取物体的方式有4种，分别为"点选""窗选""框选""右键关联选择"。

### 1. 点选

选取"选择"工具，在图元上使用鼠标点击进行选择称为"点选"，打开素材中"第二章—1选择图形"文件（图2-1）。

（1）在面上单击鼠标，即可选择该面，被选择的面会突出显示（图2-2）。

（2）在面上双击鼠标，即可选择该面以及构成面的边线（图2-3）。

（3）在线上双击鼠标，即可选择与该边线相连

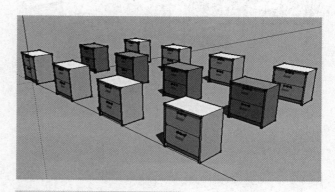
图2-1　打开"选择图形"文件

图2-2　选择"面"

图2-3　双击"面"

的面（图2-4）。

（4）在面上连续三击鼠标，即可选择该面以及与该面相连的所有面和边线（组与组件除外，图2-5），在线上连续三击鼠标效果相同。

### 2. 窗选

选取"选择"工具，在绘图区单击鼠标并从左向右拖动鼠标，拖出一个实线矩形框，所有被完全包含在选框内的图元将被选择（图2-6、图2-7）。

### 3. 框选

选取"选择"工具后，在绘图区单击鼠标并从右向左拖动鼠标，拖出一个虚线矩形框，所有被完全包含在选框内以及选框接触到的图元将被选择（图2-8、图2-9）。

### 4. 右键关联选择

选择一个面并单击鼠标右键，在弹出的菜单中选取"选择"命令，子菜单中包括的选项有"边界边线""连接的平面""连接的所有项""在同一图层的所有项""使用相同材质的所有项"（图2-10）。

### 5. 边界边线

选择"边界边线"命令，可以选中该面的边线，与双击面效果相同（图2-11）。

### 6. 连接的平面

选择该命令，可以选中与该面相连的所有平面（图2-12）

### 7. 连接的所有项

选择该命令，可以选中与该面相连的所有面和线，效果与连续三击鼠标一样（图2-13）。

### 8. 在同一图层的所有项

选择该命令，可以选中该面所在图层的所有图元（图2-14）。场景文件中是将中间的6个对象编辑为一个图层，效果可见图2-15。

图2-4　选择边线

图2-5　选择面和边线

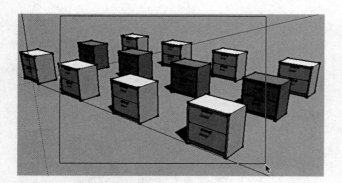

图2-6　拖出实线矩形框

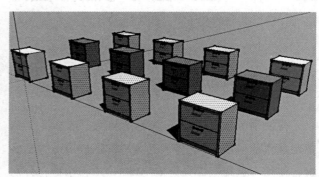

图2-7　窗选图元

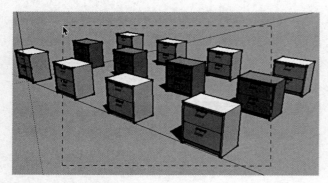

图2-8　拖出虚线矩形框

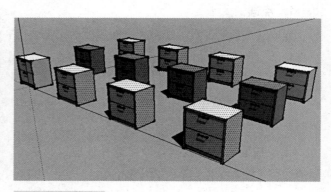

图2-9　框选图元

图2-10 "选择"命令—"边界边线"

图2-11 "边界边线"命令　　图2-12 "连接的平面"　　图2-13 "连接的所有项"
　　　　　　　　　　　　　　　　　命令　　　　　　　　　　命令

### 9. 使用相同材质的所有项

选择该命令，可以选中与该面材质相同的所有平面（图2-16、图2-17）。

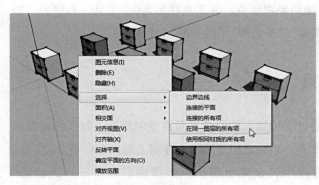

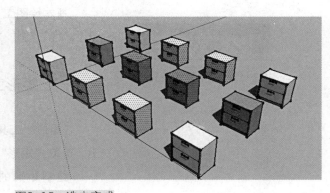

图2-14 "在同一图层的所有项"命令　　　　　　图2-15 选中完成

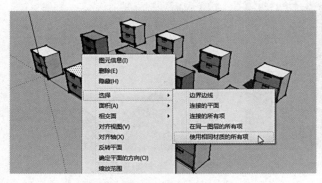

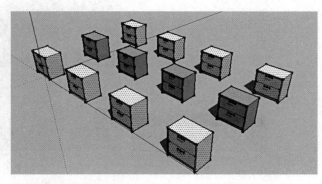

图2-16 "使用相同材质的所有项"命令　　　　　图2-17 选中完成

## 二、取消选择图形

单击绘图区空白区域，或在菜单栏单击"编辑—全部不选"命令，或按快捷键Ctrl+T，都可以取消当前选择。

## 三、删除图形

### 1. 删除物体

选取"选择"工具右侧的"擦除"工具（图2-18），在需要删除的对象上单击鼠标即可将其删除，也可按住鼠标在对象上拖动，被选中的对象会呈高亮显示，松开鼠标即可将其删除，在拖动鼠标的过程中可按Esc键取消删除操作，还可以按Delete键删除。

### 2. 隐藏边线

使用"擦除"工具，同时按住Shift键可隐藏边线。

### 3. 柔化边线

使用"擦除"工具，同时按住Ctrl键可柔化边线。

### 4. 取消柔化效果

使用"擦除"工具，同时按住Ctrl键和Shift键可取消柔化效果。

图2-18 选取"擦除"工具

# 第二节 基本绘图工具

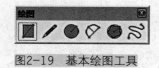

图2-19 基本绘图工具

基本绘图工具使用频率较高，其工具栏包含6个工具，分别为"矩形""线""圆""圆弧""多边形""徒手画"（图2-19）。

## 一、矩形工具

"矩形"工具通过定位矩形的两个对角点绘制矩形，默认快捷键为R。选取"矩形"工具，可完成矩形平面的绘制（图2-20、图2-21）。

绘制矩形的过程中，如果出现了一条虚线，并提示"方线帽"

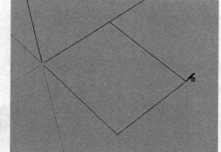

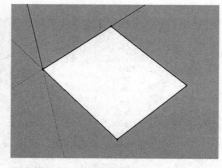

（b）　图2-21 绘制矩形平面

（a）

图2-20 "矩形"工具

（图2-22），则表示绘制的为正方形；如果出现"金色截面"的提示（图2-23），则表示绘制的为带黄金分割的矩形。下面绘制一个精确的矩形。

（1）绘制矩形时应配合键盘输入数值，创建精确的矩形，选取"矩形"工具后，在绘图区单击鼠标确定第一个对角点，此时数值输入框将被激活，绘制矩形的尺寸会在数值输入框动态显示（图2-24）。

（2）输入需要绘制矩形的长和宽的数值，中间用逗号隔开，如"1500，1200"（图2-25），如果输入非场景单位的数值，需要在数值后加上单位，如"150cm，120cm"。

（3）输入完成后，按下回车键即可得到尺寸精确的矩形（图2-26）。数值也可以在矩形刚绘制完成时输入。

## 二、线条工具

使用"线条"工具能够绘制单段直线、多段连接线和闭合的形体，还可以分割表面，修复被删除的表面等，默认快捷键为L。

"线条"工具与"矩形"工具相同，可以在绘制线的过程中或在线刚绘制完成时输入数值确定精确长度（图2-27）。

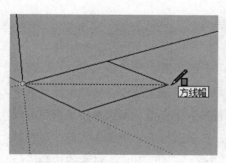

图2-22　提示"方线帽"

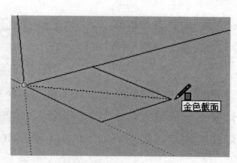

图2-23　提示"金色截面"

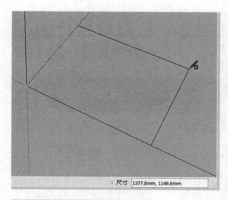

图2-24　数值输入框

尺寸 | 1500,1200

图2-25　输入数值

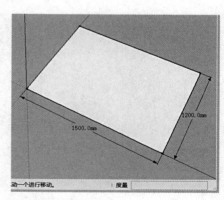

图2-26　输入完成

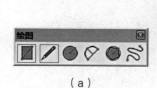

（a）

（b）

图2-27　"线条"工具

在SketchUp Pro中还可以输入线段终点坐标确定线段,可以输入绝对坐标和相对坐标。

### 1. 绝对坐标

在中括号中输入一组数字,格式为[x/y/z],表示以当前绘图坐标轴为基准的绝对坐标。

### 2. 相对坐标

在尖括号中输入一组数字,格式为<x/y/z>,表示相对于线段起点的坐标。

三条或以上的共面线能够首尾相连的创建为面,闭合表面时会提示"端点"(图2-28),闭合后,面就创建完成了(图2-29)。在线段上选取一点作为绘制直线的起点并绘制直线,新绘制的直线会将原线段从交点处断开(图2-30、图2-31)。在表面上绘制一条端点位于表面周长上的线段即可将表面分割(图2-32、图2-33)。

使用"线条"工具在SketchUp Pro中绘制时,会以参考点和参考线的形式表达要绘制的线段与模型几何体的精确对应关系,并以文字提示,如"平行""在平面上"等。

对于正在绘制的线段,如平行于坐标轴的线段,会以坐标轴的颜色高亮显示,并以"在红色轴上""在绿色轴上"或"在蓝色轴上"的字样提示(图2-34~图2-36)。

由于参考点会受到其他几何体的干扰不容易被捕捉到,可以按住Shift键锁定参考点,锁定后再进行其他操作。

线段可以被等分为若干段,先选择线段后,再单击鼠标右键选择"拆分"命令(图2-37),移动鼠标调整分段数,也可以直接输入等分的段数(图2-38),拆分完成后单击线段即可查看(图2-39)。

## 三、圆工具

"圆"工具用于绘制圆,默认快捷键为C。选取该工具后,单击鼠标即可确定圆心,移动鼠标可调整圆半径,也可直接输入半径值,再次单击鼠标可完成绘制(图2-40),在未进行下一步操作之前,可在数值输入框输入"边数s",如"8s",对圆的边数进行

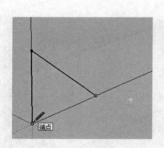
图2-28 提示"端点"

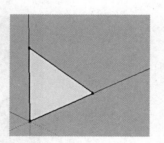
图2-29 创建面

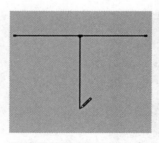
图2-30 绘制直线

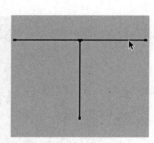
图2-31 直线断开

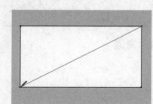
图2-32 绘制线段

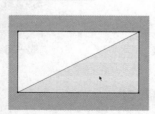
图2-33 表面分割

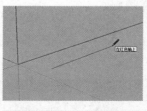
图2-34 提示"在红色轴上"

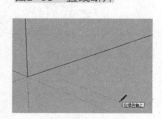
图2-35 提示"在绿色轴上"

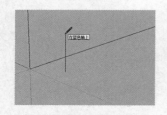
图2-36 提示"在蓝色轴上"

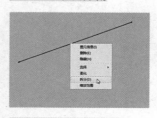
图2-37 "拆分"命令

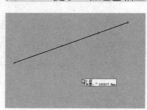
图2-38 输入等分的段数

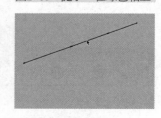
图2-39 拆分完成

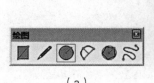

（a）

图2-40 "圆"工具

（b）

图2-41 设置圆的边数

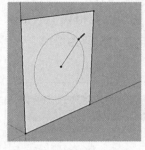

图2-42 在表面绘制圆

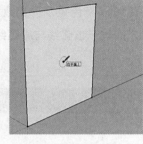

图2-43 提示"在平面上"

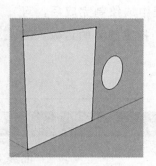

图2-44 圆与平面平行

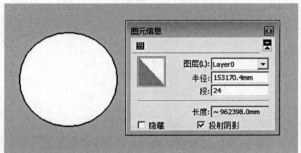

图2-45 "图元信息"对话框

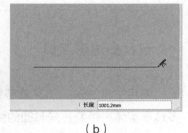

（a）

（b）

图2-46 "圆弧"工具

设置（图2-41）。

在表面绘制圆时，将光标移到该面上即可自动对齐（图2-42）。

选取"圆"工具后，将鼠标移到表面上，待出现"在平面上"的提示后（图2-43），按住Shift键并移动鼠标到其他位置，再绘制的圆将与刚才的平面平行（图2-44）。

对于已绘制完成的圆，将其选择并单击右键选择"图元信息"命令，在打开的"图元信息"对话框中可以对圆的半径、段等信息进行修改（图2-45）。

## 四、圆弧工具

使用"圆弧"工具能够绘制圆弧，圆弧由多个直线段连接而成，默认快捷键为A。

（1）选取"圆弧"工具，在绘图区单击鼠标确定圆弧起点，再移动鼠标并单击确定圆弧终点，也可以在确定圆弧起点后输入数值指定圆弧的弦长，并按回车键确定（图2-46）。

（2）移动鼠标或输入数值确定圆弧的凸出距离，也可输入"距离r"，如"8r"指定圆弧半径（图2-47）。

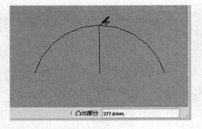
图2-47 指定圆弧半径

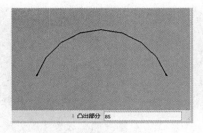
图2-48 指定圆弧边数

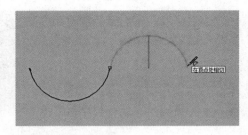
图2-49 弧线相切

（3）在圆弧的绘制过程中或绘制完成后，可以输入"边数s"，如"8s"指定圆弧的边数（图2-48）。

（4）使用"圆弧"工具能够绘制连续的圆弧线，当弧线以青色显示并出现"在顶点处相切"的提示时，则表示该弧线与原弧线相切（图2-49）。

### – 补充要点 –

#### 曲线工具

"圆""圆弧""徒手画"等工具应根据设计创意要求来使用，不能为了表现与众不同的效果而使用。

曲直结合的模型具有一定的审美性，但要注意曲、直形体之间的比例关系，一般为3∶7，这样能达到较好的视觉审美效果。除非是有特殊要求的形体，一般不宜对等。

## 五、多边形工具

使用"多边形"工具能够绘制3条边及以上的正多边形实体，绘制方法与圆的绘制类似。

（1）选取"多边形"工具，输入确切的边数，如"5"，光标就变为带有5边形的铅笔状态（图2-50）。

（2）在绘图区单击鼠标确定五边形的中心，然后移动鼠标确定五边形的切向和半径，也可以输入数值指定半径（图2-51）。

（3）再次单击鼠标左键，即可完成五边形绘制（图2-52）。

（a）　　　　　　　　　　　（b）
图2-50 "多边形"工具

## 六、徒手画工具

使用"徒手画"工具能够绘制不规则的手绘线条，常用于绘制等高线。

（1）选取"徒手画"工具，在绘图区按住鼠标并拖动创建曲线（图2-53）。

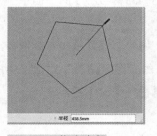
图2-51 指定半径

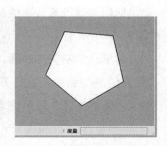
图2-52 五边形绘制完成

（2）将光标拖至起点，将闭合曲线，生成不规则的平面（图2-54）。

要在模型场景中对图元与模型进行全面编辑，应在工具栏空白部位单击鼠标右键，在弹出菜单中选择"大工具集"命令，这时就打开了更多常用工具，方便编辑操作（图2-55）。

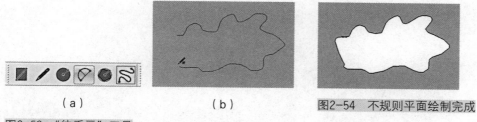

（a）
图2-53 "徒手画"工具

（b）

图2-54 不规则平面绘制完成

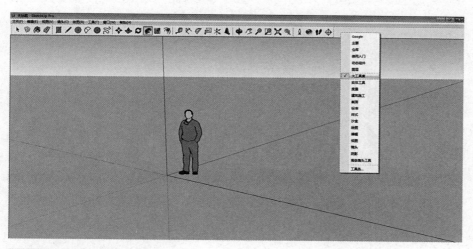

图2-55 "大工具集"命令

# 第三节　基本编辑方法

## 一、面的推/拉

使用"推/拉"工具能够推拉平面图元，增加模型立体感，是最常用的二维平面生成三维模型的工具，默认快捷键为P。

（1）使用"矩形"工具在场景中创建一个矩形（图2-56），选取"推/拉"工具。

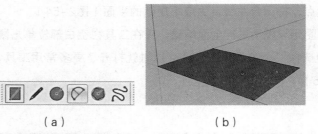

图2-56 创建矩形

（a）　　　　　　　　　　　　　（b）

图2-57 形成三维几何体　　　图2-58 完成面的推拉　　　图2-59 推拉新的面

图2-60 选择面　　　图2-61 凸出模型　　　图2-62 凹陷模型　　　图2-63 挖空模型

（2）在矩形表面单击鼠标并向上移动，表面将随鼠标形成三维几何体（图2-57），此时可以输入数值指定推拉距离。

（3）推拉到合适的高度再次单击鼠标即可完成面的推拉（图2-58）。

（4）使用"推/拉"工具时，按住Ctrl键，在光标的右上角会出现一个"+"号，再推拉的时候将会出现一个新的面（图2-59）。

（5）"推/拉"工具还能用来创建凸出或凹陷的模型（图2-60～图2-62）。当将表面推至与底面平齐时，就会减去三维物体，生成挖空的模型（图2-63）。

（6）对一个平面推拉后，在其他平面上双击鼠标即可推拉出同样的高度（图2-64、图2-65）。

**- 补充要点 -**

**"推/拉"工具**

"推/拉"工具运用频繁，能变化出无穷无尽的造型，特别适合效果图中的细部构造制作。

特别注意，推/拉的距离应当输入确切的数据，不宜随意拉伸长度，否则会造成形态不均衡，有琐碎之感。此外，还要注意使用"推/拉"工具的过程中，一切造型都应根据预先设计的要求来制作，不宜即兴发挥。

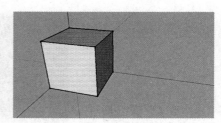

图2-64 选择面　　　　　　　图2-65 双击鼠标生成模型　　　　　图2-66 选中图元

（a）　　　　　　　　（b）

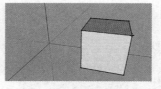

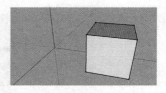

图2-67 确定移动起始点　　　　　　图2-68 移动所选的图元　　　图2-69 完成移动

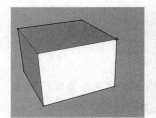

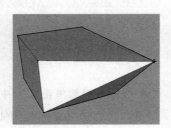

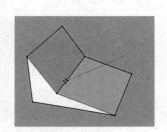

图2-70 选择点　　　　图2-71 移动点　　　　图2-72 选择边线　　　图2-73 移动边线

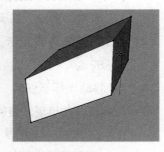

图2-74 选择面　　　　图2-75 移动面

## 二、物体的移动/复制

使用"移动"工具能对几何体进行移动、拉伸和复制，还可以对组件进行旋转，默认快捷键为M。

### 1. 单个图元的移动

选中图元（图2-66），选取"移动"工具，单击鼠标确定移动起始点（图2-67），移动鼠标即可移动所选的图元（图2-68），再次单击鼠标即可完成移动操作（图2-69），如移动的图元连接到其他图元，则其他图元也会相应被移动。

先选取"移动"工具，将光标移至需要移动的图元上，光标经过的图元被高亮显示，单击鼠标并移动也可移动图元，这种方法适合于对点、线、面的移动。

如图2-70、图2-71所示为对长方体的点进行移动；如图2-72、图2-73所示为对长方体的一条边线进行移动；如图2-74、图2-75所示为对长方体的一个面进行移动。

### 2. 多个图元的移动

移动多个图元时，需要先选择多个图元，再选取"移动"工具，在绘图区单击鼠标并移动鼠标，再次单击鼠标即可完成移动（图2-76、图2-77）。

### 3. 对圆弧和圆的编辑

使用"移动"工具能编辑圆弧和圆的半径。选取"移动"工具，将光标放在圆弧或圆上，当提示"端点"时，移动鼠标或输入数值即可对圆弧和圆的半径进行编辑（图2-78、图2-79）。

使用"移动"工具也能对由圆弧和圆为边生成的几何体进行编辑。选取"移动"工具，捕捉到一条特

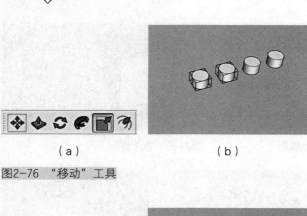

（a）

图2-76 "移动"工具

（b）

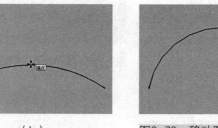

图2-77 移动完成

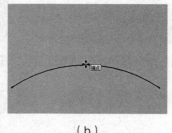

（a）

图2-78 光标放在圆弧上

（b）

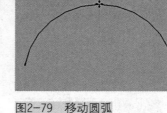

图2-79 移动圆弧

图2-80 选择边

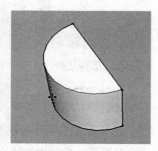

图2-81 完成移动

殊的线段，接着单击鼠标并移动或输入数值即可对由圆弧和圆为边生成的几何体进行编辑（图2-80、图2-81）。

**4. 单个组和组件的旋转**

（1）选取"移动"工具，光标放在组件的表面上时，组件框被高亮显示，并在表面出现4个"+"号（图2-82）。

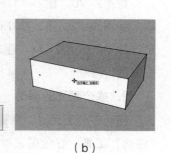

（a）

（b）

图2-82 光标放在组件表面

（2）移动光标至任何一个"+"号上，光标变为"旋转"状态，并出现"旋转量角器"（图2-83）。

（3）在"+"号上单击鼠标，组件将会随着光标的移动而旋转，再次单击鼠标即可完成旋转（图2-84）。

**5. 移动复制**

（1）选择需要复制的物体，选取"移动"工具，然后按键盘上的Ctrl键，在绘图区单击鼠标确定移动的起始点，移动鼠标即可进行移动复制（图2-85、图2-86）。

（2）使用鼠标单击目标点或输入数值指定移动距离都可以完成移动复制，移动复制完成后，输入"3*""3x""*3"或"x3"，都可以以同等间距再阵列复制2份（图2-87）。

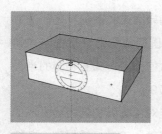

图2-83 旋转量角器

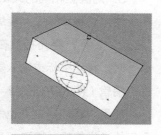

图2-84 完成旋转

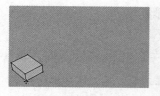

图2-85　确定移动的起始点

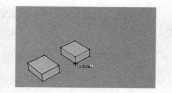

图2-86　移动复制

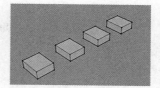

图2-87　阵列复制

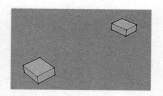

图2-88　等距复制

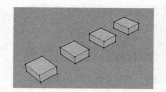

图2-89　等距复制完成

（a）

图2-90　确定旋转平面

（b）

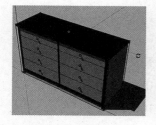

图2-91　确定轴心线

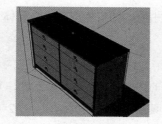

图2-92　任意角度旋转

图2-93　指定旋转角度

（3）复制完成1个物体后，也可输入"3/"或"/3"，会以复制的间距分为3份，等距复制包括第1个在内的4个物体（图2-88、图2-89）。

### 三、物体的旋转

使用"旋转"工具能够旋转物体中的元素，也能够旋转单个或多个物体，快捷键为Q。

**1. 旋转几何体**

（1）选取"旋转"工具后，光标会变为"旋转量角器"，将"旋转量角器"放在边线或表面上确定旋转平面（图2-90）。

（2）单击鼠标确定旋转的轴心点，再移动鼠标并单击确定轴心线（图2-91）。

（3）接着移动鼠标进行任意角度旋转（图2-92），也可以输入数值指定旋转角度，再次单击鼠标即可完成旋转（图2-93）。

**2. 旋转扭曲**

使用"旋转"工具只对物体的一部分进行旋转，便可将该物体拉伸或扭曲（图2-94、图2-95）。

**3. 旋转复制与环形阵列**

（1）打开素材中的"第二章—2旋转复制与环形阵列"文件（图2-96）。将场景中的花盆选中，选取"旋转"工具，在轴原点上单击鼠标确定轴心点（图2-97）。

（2）移动鼠标确定轴心线，按下Ctrl键并移动鼠标，此时光标右上角会出现"+"号，在旋转的同时复制物体（图2-98）。

（3）旋转复制后，输入"4x"，将会再复制出3个副本（图2-99）。

（4）旋转复制后，输入"/4"，将在原物体和副本之间创建3个副本（图2-100、图2-101）。

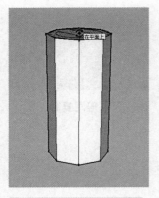

图2-94 "旋转"工具选
择面

图2-95 旋转扭曲

图2-96 打开素材

图2-97 确定轴心点

图2-98 旋转并复制物体

图2-99 旋转复制

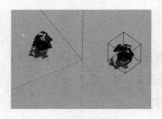

图2-100 旋转复制

图2-101 旋转复制完成

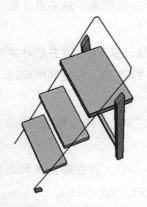

图2-102 打开素材

（a）

图2-103 "路径跟随"工具

（b）

图2-104 生成三维几何体

## 四、图形的路径跟随

"路径跟随"工具类似于3ds max中的放样工具，能够将截面沿已知路径放样，可以将二维图形轻松转化为三维物体。

### 1. 沿路径手动拉伸

（1）打开素材中的"第二章—3图形的路径跟随1"文件（图2-102）。确定用于修改几何体的路径，绘制沿路径放样的剖面，此剖面应与路径垂直相交。

（2）选取"路径跟随"工具，在平面上单击鼠标，然后沿路径移动鼠标，此时路径为红色并出现一个红色的捕捉点随着鼠标移动，平面也会跟随着路径生成几何体（图2-103）。

（3）移动鼠标至路径的尽头，在路径端点处单击鼠标即可生成三维几何体（图2-104）。

### 2. 预先选择路径

（1）打开素材中的"场景文件—第二章—5图形的路径跟随2"文件（图2-105）。先使用"选择"工具选中要跟随的路径（图2-106）。

（2）选取"路径跟随"工具，在平面上单击鼠标，平面将沿着路径自动生成三维几何体（图2-107）。

## 五、物体的缩放

使用"缩放"工具能够对场景中的物体进行大小的调整，还可以进行拉伸操作，默认快捷键为S。

图2-105 打开素材

（a）

图2-106 选中要跟随的
路径

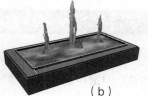

（b）

图2-107 生成三维几何体

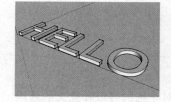

图2-108 打开素材

图2-109 选中物体

（a）　　　　　　　　（b）

图2-110 显示调整缩放的夹点

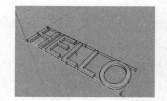

图2-111 显示所有夹点

图2-112 选择夹点

图2-113 拉伸

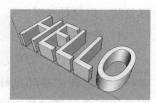

图2-114 完成拉伸

图2-115 选择对角夹点

图2-116 沿对角线等比
例缩放

图2-117 调整边线夹点

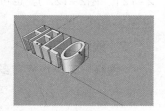

图2-118 两个方向上非
等比例缩放物体

（1）打开素材中的"第二章—7物体的拉伸"文件（图2-108），将场景中的物体选中（图2-109）。

（2）选取"缩放"工具，此时，所选物体的周围将会显示调整缩放的夹点（图2-110），三维物体周围会出现26个夹点，"X射线"的显示模式下能够看到所有夹点（图2-111）。

（3）鼠标移至夹点上时，所选的夹点与对应的夹点会以红色显示（图2-112）。

（4）单击夹点，移动鼠标即可对物体进行拉伸（图2-113），再次单击鼠标可完成操作（图2-114）。

①对角夹点。调整该位置的夹点可以沿对角线方向等比例缩放该物体（图2-115、图2-116）。

图2-119 调整表面夹点

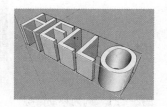

图2-120 沿垂直面非等
比例缩放物体

②边线夹点。调整该位置夹点可在两个方向上非等比例缩放物体（图2-117、图2-118）。

③表面夹点。调整该位置的夹点可以沿着垂直面在一个方向上非等比例缩放物体（图2-119、图2-120）。

---

**- 补充要点 -**

**"缩放"工具**

使用"缩放"工具时，按住Ctrl键可进行中心缩放；按住Shift键，可将等比例缩放切换为非等比例缩放。数值输入的方式多样，可以直接输入数值，如3，表示缩放3倍，输入负数表示反方向缩放，缩放比例不能为0；可以输入带单位的数值，如3m，表示缩放到3米。

还可以输入多重缩放比例，一维缩放与等比例的三维缩放只需要一个数值，二维缩放需要两个数值，三维非等比例缩放需要三个数值，中间用逗号隔开。

---

### 六、图形的偏移复制

使用"偏移"工具能够对表面或共面的线进行偏移复制，默认快捷键为F。

#### 1. 面的偏移

选取"偏移"工具，在需要偏移的表面上单击鼠标，然后向内移动鼠标，此时也可以输入数值指定偏移距离，再次单击鼠标即可生成新的平面（图2-121、图2-122）。也可以向外移动鼠标，效果可见图2-123、图2-124。

#### 2. 线段的偏移

"偏移"工具也能对多条线段组成的转折线、弧线等进行偏移复制，不可对单独的线段和交叉的线段进行操作。将需要偏移的线段选中，选取"偏移"工具，在线段上单击并移动即可进行偏移（图2-125、图2-126）。

### 七、模型交错

SketchUp Pro的"与模型相交"命令类似于3ds max中的布尔运算命令，非常适用于创建复杂的几何体图形。

（1）在场景中创建一个长方体和一个圆柱体（图2-127）。

（a）

（b）

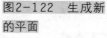

图2-122 生成新的平面

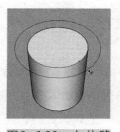

图2-123 向外移动鼠标

图2-124 生成新的平面

图2-121 向内移动鼠标

（a）

图2-125 "偏移"工具

（b）

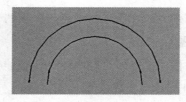

图2-126 偏移弧线

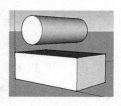

图2-127 创建几何体

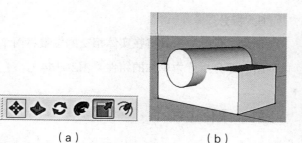

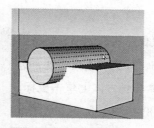

（a）　　　　　　　（b）　　　　　图2-129　选中圆柱体

图2-128　圆柱体与长方体部分重合

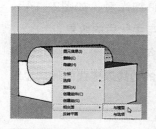

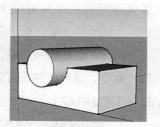

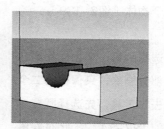

图2-130　"相交面—与　　　图2-131　相交边线　　　图2-132　创建了新的表面
模型"命令

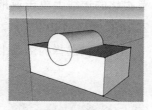

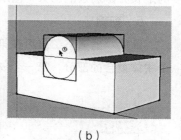

图2-133　"实体工具"　　　图2-134　打开素材　　　（a）　　　　　　　　（b）
工具栏

图2-135　"外壳"工具

（2）使用"移动"工具移动圆柱体，使其一部分与长方体重合（图2-128），圆柱体与长方体相交的地方没有边线，并且在圆柱体上连续三次单击鼠标都只能选中圆柱体（图2-129）。

（3）在圆柱体被选中的状态下单击鼠标右键，选择"相交面—与模型"命令（图2-130）。

（4）在圆柱体与长方体相交的地方会产生边线（图2-131），将不需要的图元删除，可以发现圆柱体与长方体相交的地方创建了新的表面（图2-132）。

## 八、实体工具栏

在菜单栏单击"视图—工具条"命令，在打开的"工具栏"对话框中勾选"实体工具"选项，即可打开"实体工具"工具栏（图2-133），其包含6个工具，分别为"外壳""相交""联合""减去""剪辑""拆分"，运用这些工具可以在组和组件之间进行并集、交集、差集等布尔运算。

### 1. 外壳

使用"外壳"工具可以将指定的几何体加壳，使其成为一个组和组件。

（1）打开素材中的"第二章—8实体工具栏"文件（图2-134）。

（2）选取"外壳"工具，鼠标提示选择第一个组或组件，在圆柱体上单击鼠标（图2-135）

（3）单击圆柱体后，鼠标提示选择第二个组或组件，在长方体上单击鼠标（图2-136）。

（4）在长方体上单击鼠标后，两个组会自动合为一个组，内部的几何图形和相交的边线会被自动删除（图2-137）。

### 2. 相交

使用"相交"工具可以只保留相交的部分，将不相交的部分删除。使用方法与"外壳"工具相同，选取"相交"工具后，在圆柱体与长方体上单击鼠标，完成后只留下相交的部分（图2-138）。

### 3. 联合

使用"联合"工具可以将两个物体合并，删除相交的部分，两个物体成为一个物体（图2-139）。

### 4. 减去

使用"减去"工具可将选择的第一个物体和第二个物体与第一个物体重合的部分删除，只保留第二个物体剩余的部分。选取"减去"工具，先选择圆柱体（图2-140），再选择长方体（图2-141），此时保留的是长方体剩余的部分（图2-142）。

### 5. 剪辑

使用"剪辑"工具可在第二个物体中减去与第一个物体重合的部分，第一个物体不变（图2-143）。

### 6. 拆分

使用"拆分"工具可在实体相交的位置将两个实体的所有部分拆分为单独的组件（图2-144）。

## 九、柔化边线

将SketchUp Pro中的边线进行柔化处理，能够使有棱角的形体看起来更加光滑，如图2-145、图2-146所示分别为柔化前与柔化后的效果。

柔化的边线会被隐藏，勾选"视图—隐藏几何图形"命令，这样能将不可见的边线以虚线的形式显示出来（图2-147）。

### 1. 柔化边线的5种方式

（1）使用"擦除"工具的同时按住Ctrl键，在需要柔化的边线上单击或拖动鼠标即可柔化边线（图2-148、图2-149）。

（2）在选择的边线上单击鼠标右键，选择"柔

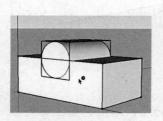

图2-136 选择第二个组或组件

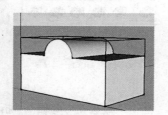

图2-137 自动合组

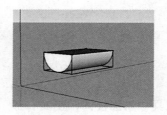

图2-138 相交部分

图2-139 "联合"工具

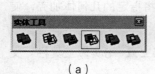

（a）

图2-140 "减去"工具

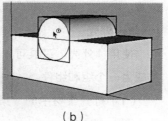

（b）

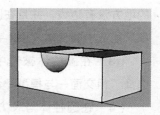

图2-141 选择长方体　　图2-142 保留剩余部分

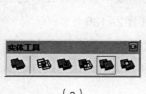

（a）

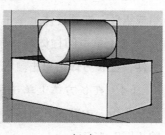

（b）

图2-143 "剪辑"工具

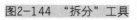

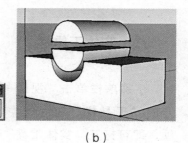

（a）　　　　　　　（b）

图2-144 "拆分"工具

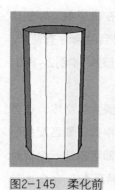

图2-145　柔化前

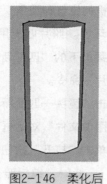

图2-146　柔化后

（a）

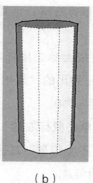

（b）

图2-147　"视图—隐藏几何图形"命令

图2-148　"擦除"工具

图2-149　柔化边线

图2-150　"柔化"命令

图2-151　"软化/平滑边线"命令

图2-152　"柔化边线"对话框

图2-153　"图元信息"命令

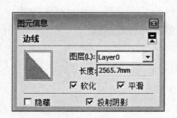

图2-154　"图元信息"对话框

图2-155　"窗口—柔化边线"命令

化"命令（图2-150）。

（3）在选择的多条边线上单击鼠标右键，选择"软化/平滑边线"命令（图2-151），弹出"柔化边线"对话框（图2-152）。"法线之间的角度"选项，可以设置光滑角度的下限值，超过此值的夹角会被柔化处理。勾选"平滑法线"选项可以将符合角度范围的夹角柔化和平滑。勾选"软化共面"选项可以自动柔化连接共面表面间的交线。

（4）在选择的边线上单击鼠标右键，选择"图元信息"命令（图2-153），在打开的"图元信息"对话框中勾选"软化"和"平滑"选项（图2-154）。

（5）在菜单栏单击"窗口—柔化边线"命令也能对边线进行柔化操作（图2-155）。

**2. 取消柔化边线的5种方式**

（1）使用"擦除"工具的同时按住Ctrl+Shift键在需要取消柔化的边线上单击或拖动鼠标即可取消柔化。

（2）在柔化的边线上单击鼠标右键，选择"取消柔化"命令。

（3）在选择的多条柔化边线上单击鼠标右键，选择"软化/平滑边线"命令，在弹出的"柔化边线"对话框中设置"法线之间的角度"为0。

（4）在选择的柔化边线上单击鼠标右键，选择"图元信息"命令，在打开的"图元信息"对话框中取消"柔化"和"平滑"选项的勾选。

（5）在菜单栏单击"窗口—柔化边线"命令，在弹出的"柔化边线"对话框中设置"法线之间的角度"为0。

## 十、照片匹配

使用SketchUp Pro的照片匹配功能能够根据实景照片计算出相机的位置和视角，在模型中可以创建出与照片相似的环境。照片匹配用到的命令有两个，分别是"镜头"菜单下的"匹配新照片"（图2-156）和"编辑匹配照片"命令。

在菜单栏单击"镜头—匹配新照片"命令，在弹出的"选择背景图像文件"对话框中选择要匹配的照片，选择完成后单击"打开"按钮即可新建一个照片匹配（图2-157），此时"编辑照片匹配"命令才被激活，单击"镜头—编辑照片匹配"命令就会弹出"照片匹配"对话框（图2-158）。

### 1. 从照片投影纹理

单击该按钮可将照片作为贴图覆盖模型的表面材质。

### 2. "栅格"选项组

在该选项组下可对样式、平面和间距进行设置。

图2-156 "匹配新照片"命令

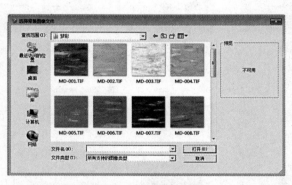

图2-157 "选择背景图像文件"对话框

图2-158 "照片匹配"对话框

# 第四节 模型的测量与标注

## 一、测量距离

使用"卷尺"工具可以测量距离、创建引导线或引导点，还能调整模型比例，默认快捷键为T。

（1）打开素材中的"第二章—9测量距离1"文件（图2-159）。选取"卷尺"工具，在场景中单击鼠标，确认测量起点（图2-160）。

（2）移动鼠标时，当前点距起点的距离将会显示在光标旁边，数值控制区中也会实时显示距离值（图2-161）。使用"卷尺"工具没有平面和空间的限制，可以测量模型中任意两点间的距离。

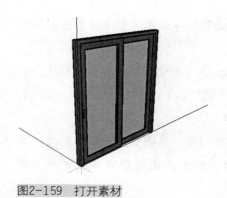

图2-159 打开素材

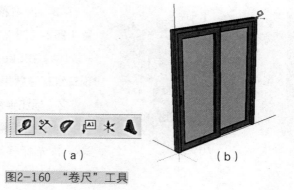

（a）

图2-160 "卷尺"工具

（b）

图2-161 显示距离值

## 二、调整模型比例

（1）打开素材中的"第二章—10测量距离2"文件（图2-162）。选取"卷尺"工具，在场景中选择一条线段作为参考，在该线段的两个端点上单击鼠标，获取该线段的长度为590mm（图2-163）。

（2）输入调整比例后的长度，如1000mm，按回车键确定，在弹出的提示对话框中单击"是"按钮（图2-164）。

（3）此时，模型中的所有物体都会按照指定的长度和当前长度的比值进行缩放（图2-165）。

## 三、测量角度

使用"量角器"工具可以测量角度和绘制辅助线。

（1）打开素材中的"第二章—11测量角度"文件（图2-166）。选取"量角器"工具，在场景中单击鼠标确定目标测量角的顶点（图2-167）。

（2）鼠标移至目标测量角的一条边线，单击鼠标确定后将出现1条引导线（图2-168）。

（3）鼠标移至目标测量角的另一条边线，单击鼠标后测量的角度将显示在数值输入框内（图2-169）。

图2-162 打开素材

（a）

图2-163 "卷尺"工具

（b）

图2-164 单击"是"按钮

图2-165 调整比例完成

图2-166 打开素材

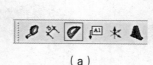

（a）

图2-167 "量角器"工具

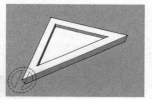

（b）

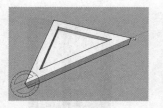
图2-168　确定引导线

角度 ~ 47.4
图2-169　显示测量角度

## 四、标注尺寸

使用"尺寸"工具可以对模型进行尺寸标注。在菜单栏单击"窗口—模型信息"命令，在打开的"模型信息"对话框中选择"尺寸"选项，即可在此对尺寸标注的样式进行设置（图2-170）。

### 1. 标注线段

（1）打开素材中的"第二章—12标注尺寸"文件。选取"尺寸"工具，在场景中单击鼠标确定标注起点（图2-171）。

（2）将鼠标移至标注端点，单击鼠标确定（图2-172）。

（3）向右移动鼠标并单击将标注放置在相应位置（图2-173）。

（4）在SketchUp Pro中可以放置多个标注，实现三维标注效果（图2-174）。

### 2. 标注半径

（1）在场景中创建一条圆弧，选取"尺寸"工具，将光标移至弧线上，弧线会呈高亮显示（图2-175）。

（2）在圆弧上单击，向任意方向移动鼠标，移到合适的位置单击鼠标即可放置标注（图2-176）。

### 3. 标注直径

（1）在场景中创建一个圆柱，选取"尺寸"工具，将光标移至圆形边线上，圆形边线会呈高亮显示（图2-177）。

（2）在圆形边线上单击，向任意方向移动鼠标，移到合适的位置单击鼠标即可放置标注（图2-178）。

（3）在直径上单击鼠标右键，选择"类型半径"命令，即可将直径标注转换为半径标注（图2-179、图2-180）。

图2-170　"模型信息"对话框—"尺寸"

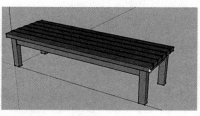
（a）　　　　　　　　　　（b）
图2-171　"尺寸"工具

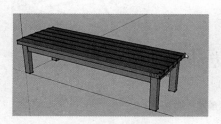
图2-172　鼠标移至标注端点

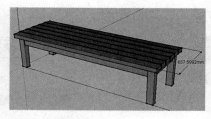
图2-173　放置标注

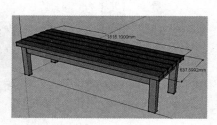
图2-174　放置多个标注

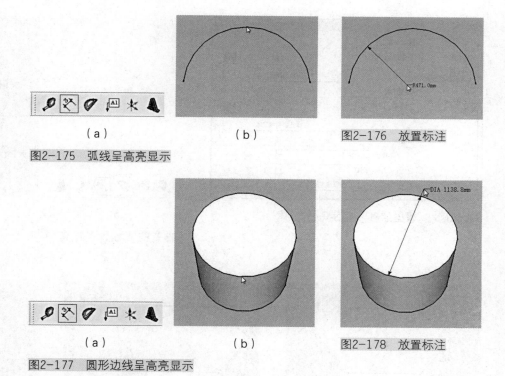

（a）

图2-175　弧线呈高亮显示

（b）

图2-176　放置标注

（a）

图2-177　圆形边线呈高亮显示

（b）

图2-178　放置标注

- 补充要点 -

**标注操作注意要点**

　　预先将"模型信息"中的参数设置到位，使标注规范符合我国的制图标准。其中"字体大小"应为10或12点。"字体"为宋体或仿宋体，引线端点一般为箭头或斜线。但在三维空间中一般很少进行标注，除非是特别重要的细节，因此，"尺寸"一般为"对齐屏幕"。

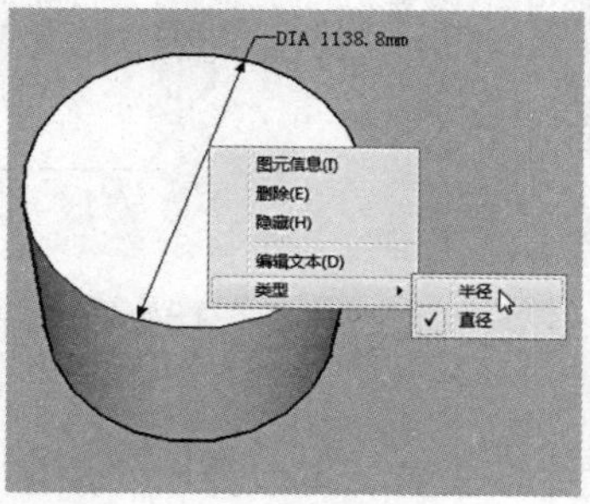

图2-179　直径标注

图2-180　半径标注

## 五、标注文字

　　使用"文本"工具可以在模型中插入文字，对图形的面积、线段的长度和点坐标进行标注。文本分为"屏幕文本"和"引线文本"两种。

　　在菜单栏单击"窗口模型信息"命令，打开"模型信息"对话框，选择"文本"选项，在此可对文字和引线的样式进行设置（图2-181）。

　　（1）选取"文本"工具，将光标移至目标表面（图2-182）。

　　（2）在表面上单击鼠标确定引线的端点位置，移动鼠标至任意位置并单击鼠标放置文本（图2-183）。

　　（3）同样在线段和端点上单击鼠标并移动，可标注线段的长度和点的坐标（图2-184）。

　　（4）选取"文本"工具后，在表面上双击鼠标可以直接在当前位置标注表面面积（图2-185）。

## 六、3D文字

　　使用"三维文本"工具可以创建三维立体的文字，适用于广告、LOGO、雕塑文字的制作。

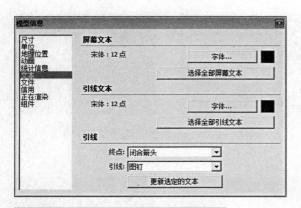

图2-181 "模型信息"对话框—"文本"

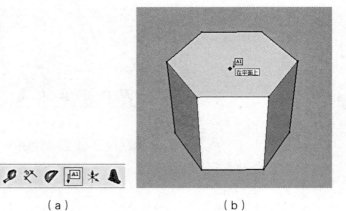

（a）　　　　　　　　　（b）

图2-182 "文本"工具

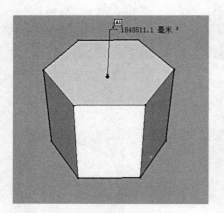

图2-183 放置文本

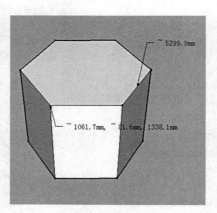

图2-184 标注线段的长度和点的坐标

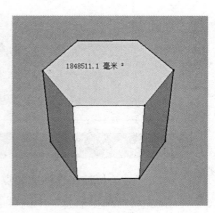

图2-185 标注表面面积

（1）选取"三维文本"工具，可以弹出"放置三维文本"对话框（图2-186）。

（2）在"放置三维文本"对话框的文本框中输入文字，单击"放置"按钮（图2-187）。

（3）移动鼠标到合适的位置并单击即可放置文字，生成的文字将自动成组（图2-188）。

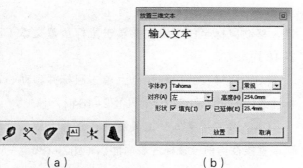

（a）　　　　　　　　　（b）

图2-186 "三维文本"工具

图2-187 "放置三维文本"
对话框

图2-188 生成文字

# 第五节　辅助线的绘制与管理

## 一、绘制辅助线

使用"卷尺"工具和"量角器"工具可以绘制辅助线，辅助线对于精确建模非常有帮助。

### 1."卷尺"工具绘制辅助线

（1）选取"卷尺"工具，在长方体任一边线上单击鼠标确定辅助线的起点（图2-189）。

（2）移动光标，指定辅助线的偏移方向（图2-190）。

（3）此时输入数值指定辅助线的偏移距离，如200，按回车键确定即可偏移辅助线（图2-191）。

（4）再次选取"卷尺"工具，在长方体的任一端点上单击鼠标确定辅助线的起点，移动光标，指定辅助线的偏移方向（图2-192）。

（5）此时输入数值指定辅助线的偏移距离，如400，按回车键确定即可延长辅助线，在辅助线的端点有"+"号形式的辅助点（图2-193）。

### 2."量角器"工具绘制辅助线

（1）选取"量角器"工具，在长方体的任一端点上单击鼠标确定顶点（图2-194）。

（2）移动鼠标来确定角度起始线（图2-195）。

（3）输入数值，如30，按回车键确定，即可创建相对起始线30°的角度辅助线（图2-196）。

## 二、管理辅助线

（1）当场景中辅助线过多时会影响视线，从而降低操作的准确性和软件的显示性能，在菜单栏单击"视图—导向器"命令即可更改场景中辅助线的显示与隐藏（图2-197）。

（2）在菜单栏单击"编辑—删除导向器"命令即可删除场景中的辅助线（图2-198）。

（3）在菜单栏单击"窗口—样式"命令（图2-199），打开"样式"对话框，在"编辑"选项卡

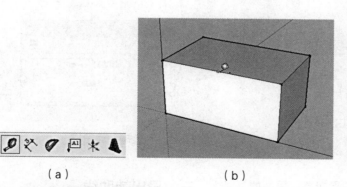

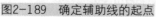

（a）　　　　　　　　　　　（b）

图2-189　确定辅助线的起点

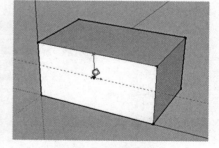

图2-190　指定辅助线的偏移方向

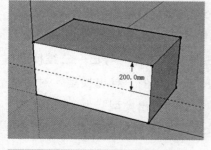

图2-191　指定辅助线的偏移距离

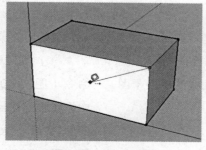

图2-192　指定辅助线的偏移方向

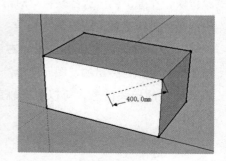

图2-193　延长辅助线

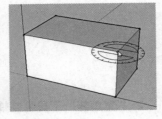
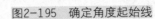
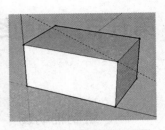

（a）　　　　　　　　（b）　　　　　图2-195　确定角度起始线　　　图2-196　创建角度辅助线

图2-194　确定顶点

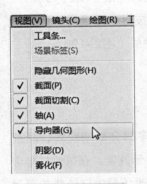

图2-197　"视图—导
向器"命令

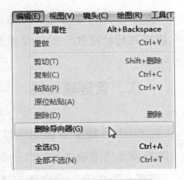

图2-198　"编辑—删除导
向器"命令

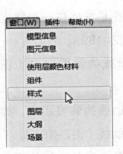

图2-199　"窗口—
样式"命令

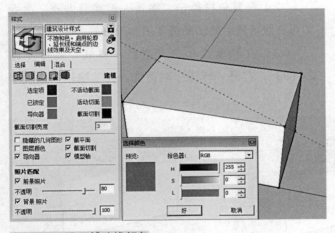

图2-200　设置辅助线颜色

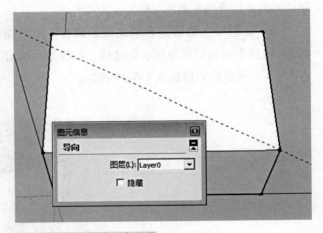

图2-201　更改辅助线图层

中单击"建模"设置按钮，并单击"导向器"后面的颜色块，在弹出的"选择颜色"对话框中可以对辅助线的颜色进行设置（图2-200）。

（4）选择辅助线，单击鼠标右键，选择"图元信息"命令，在弹出的"图元信息"对话框中可以查看辅助线的相关信息，可以更改辅助线的图层（图2-201）。

## 三、导出辅助线

SketchUp Pro中的辅助线能够导出到AutoCAD中，为后面的操作提供了方便。

（1）在菜单栏单击"文件—导出—三维模型"命令（图2-202），在弹出的"导出模型"对话框中设置输出路径，设置"输出类型"为"AutoCAD DWG文件（*.dwg）"，设置完成后单击"选项"按钮（图2-203）。

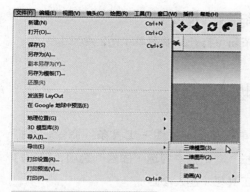

图2-202 "三维模型"命令

图2-203 "导出模型"对话框

图2-204 "AutoCAD导出
选项"对话框

（2）在弹出的"AutoCAD导出选项"对话框中，将"导出"中的"构造
几何图形"选项勾选（图2-204），然后单击"好"按钮和"导出"按钮即可
将辅助线导出到AutoCAD中。

# 第六节　图层的运用与管理

## 一、图层管理器

在菜单栏单击"窗口—图层"命令即可打开"图层"面板（图2-205），
在此可以查看和编辑场景中的图层。

### 1. "添加图层"按钮

单击该按钮可新建图层，系统会为新建的图层设置不同于其他图层的颜
色，图层的颜色和名称都可以进行修改（图2-206）。

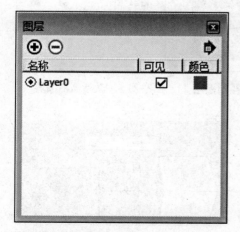

图2-205 "图层"面板

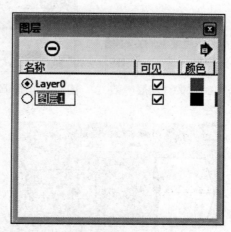

图2-206 新建图层

**2. "删除图层"按钮**

单击该按钮可删除选中的图层，如删除的图层包含物体，会弹出"删除包含图元的图层"询问处理对话框（图2-207）。

**3. "名称"标签**

在该标签下列出了所有图层的名称，名称前面的圆内有一个点表示该图层是当前图层。

**4. "可见"标签**

该标签下的选项用于显示或隐藏图层，勾选表示显示，将图层前面的对号取消即可隐藏图层。如将隐藏图层设置为当前图层，隐藏图层会自动变为可见层。

**5. "颜色"标签**

在"颜色"标签下显示了每个图层的颜色，单击颜色块可更改图层颜色。

**6. "详细信息"按钮**

单击该按钮可打开拓展菜单（图2-208）。

## 二、图层工具栏

（1）菜单栏单击"视图—工具条"命令，在打开的"工具栏"对话框中勾选"图层"选项，即可打开"图层"工具栏（图2-209）。

（2）单击"图层"工具栏的下拉按钮，在下拉菜单中选择当前图层，同时在图层管理器中的当前图层也会被激活（图2-210、图2-211）。

（3）单击"图层"工具栏右侧的"图层管理器"按钮即可打开"图层"面板。在场景中选中了某个物体，图层工具栏的选框中会以黄色显示选中物体的所在图层（图2-212、图2-213）。

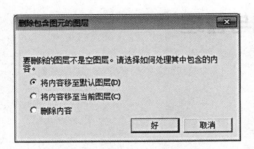

图2-207 "删除包含图元的图层"对话框

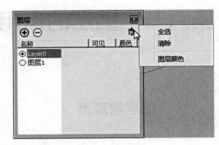

图2-208 打开拓展菜单

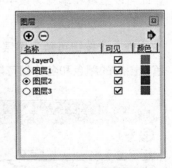

图2-209 "图层"工具栏

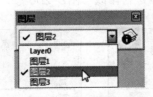

图2-210 选择当前图层

图2-211 激活当前图层

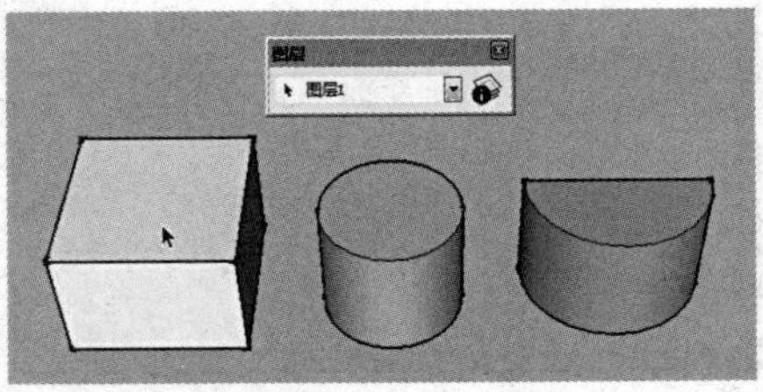

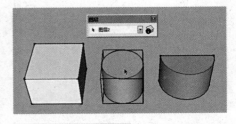

图2-212 选中立方体

图2-213 选中圆柱体

## 三、图层属性

选中场景中的某个元素，单击鼠标右键，选择"图元信息"命令（图2-214），在弹出的"图元信息"对话框中可以查看选中图元的图层、名称、体积等信息（图2-215），还可以在"图层"下拉菜单中更改图元所在的图层（图2-216）。

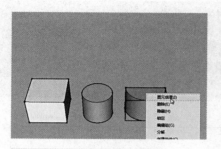

图2-214 "图元信息"命令

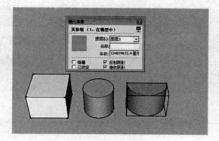

图2-215 查看图元信息

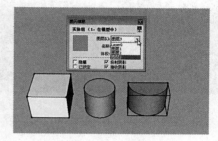

图2-216 更改图元所在的图层

**本章小结**

SketchUp Pro修改工具能完成各种模型创建。模型的复杂程度应根据场景大小来确定，尤其是在面积较大的场景中，每个模型的形体结构可以适当精简，避免文件储存容量过大。

课后练习

1. 采用各种二维、三维工具建立简单基础模型，根据本节内容进行编辑。
2. 将模型导出，转换到其他软件中进行编辑。

# 第三章
# 材质与贴图

PPT 课件

素材

教学视频

识读难度：★ ★ ★ ☆ ☆
核心概念：材质、编辑器、填充、
贴图

**≺ 章节导读**

　　本章介绍SketchUp Pro的材质与贴图运用方法，SketchUp Pro的材质与贴图功能得到了全面提升，不仅具有多种素材图片，还能随意调用计算机中的素材，赋予模型后能进一步修改，操作起来快捷、方便。

# 第一节　　默认材质

　　在SketchUp Pro中创建几何体模型后，应当被赋予预设材质，这样才能表现出较真实的效果。由于SketchUp Pro使用的是双面材质，所以材质的正、反面显示的颜色是不同的，这种双面材质的特性能够帮助区分面的正反朝向，方便对面的朝向进行调整。

　　预设材质的颜色可以在"样式"编辑器的"编辑"选项卡中进行设置（图3-1），先单击"正面颜色"或"背面颜色"后面的颜色块，在弹出的"选择颜色"对话框中可以对颜色进行调整（图3-2）。

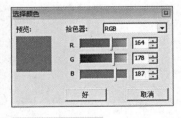

图3-1　"样式"编辑器　　图3-2　调整颜色

# 第二节　材质编辑器

在菜单栏单击"窗口—使用层颜色材料"命令，即可以打开"使用层颜色材料"编辑器（图3-3）。

"点按开始使用这种颜料绘画"窗口位于编辑器的左上角，用来预览材质，材质被选择或提取后将会显示在窗口中。"名称"文本框位于预览窗口右侧，用于显示窗口中材质的名称，若材质已赋予模型，"名称"文本框会被激活，可以对该材质进行重新命名。单击"创建材质"按钮会弹出"创建材质"对话框（图3-4），在此可以设置材质的名称、颜色、大小等信息。

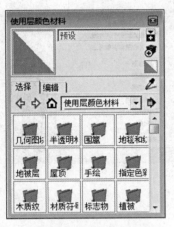

图3-3　"使用层颜色材料"编辑器

图3-4　"创建材质"对话框

## 一、选择选项卡

### 1. 基本界面

在"使用层颜色材料"编辑器中单击"选择"，可打开"选择"选项卡（图3-5）。

（1）"后退"按钮/"前进"按钮。浏览材质时单击这两个按钮可以前进或后退。

（2）"在模型中"按钮。单击该按钮可以回到"在模型中"材质列表。

（3）"详细信息"按钮。单击该按钮可弹出菜单（图3-6）。

（4）"打开或创建集合"命令。单击该命令可载入或创建文件夹到"使用层颜色材料"编辑器中。

（5）"将集合添加到个人收藏"命令。单击该命令可将选择的文件夹添加到收藏夹中。

（6）"从个人收藏移去集合"命令。单击该命令可将选择的文件夹从收藏夹中删除。

（7）"小缩略图""中缩略图""大缩略图""超大缩略图""列表视图"。这些命令用于改变材质图标的显示状态（图3-7～图3-11）。

（8）"样本颜料"工具。单击图3-11中的"吸管"按钮后，光标变为吸管状态，可提取场景中的材质，并可将其设置为当前材质。

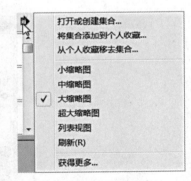

图3-5　"选择"选项卡

图3-6　"详细信息"菜单

### 2. 模型中的材质

单击"选择"选项卡中的下拉按钮，在列表框的下拉列表中可以选择要显示的材质类型（图3-12）。选择"在模型中"选项，场景中使用所有的材质就会显示在材质列表中（图3-13）。

材质右下角带有小三角的表示该材质正在场景中使用，没有小三角的表示该材质曾被使用过，但现在没有被使用。在材质上单击右键，可弹出材质菜单（图3-14）。

（1）删除。单击该命令即可将该材质从模型中删除，原被赋予该材质的物体会被赋予默认材质。

（2）另存为。单击该命令即可将该材质存储到其他材质库。

图3-7 小缩略图

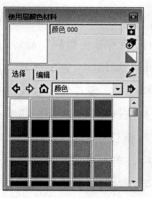

图3-8 中缩略图

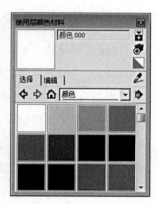

图3-9 大缩略图

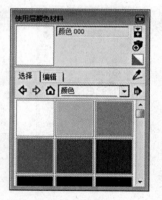

图3-10 超大缩略图

图3-11 列表视图

图3-12 选择材质类型

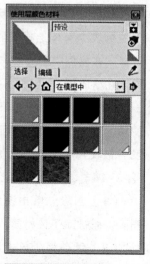

图3-13 材质列表

图3-14 材质菜单

（3）输出纹理图像。单击该命令即可将贴图存储为图片格式。

（4）编辑纹理图像。单击该命令可使用默认的图像编辑器打开该贴图进行编辑，默认图像编辑器在"系统使用偏好"对话框的"应用程序"面板中进行设置（图3-15）。

（5）面积。单击该命令可计算出模型中应用此材质的表面积之和。

（6）选择。单击该命令可选中模型中应用此材质的表面。

### 3. 材质列表

单击"选择"选项卡中的下拉按钮，在列表框的下拉列表中选择"使用层颜色材料"选项，可在材质列表中显示材质库中的材质（图3-16）。在下拉列表中选择需要的材质，如"木质纹"，即可在材质列表中显示木质纹材质（图3-17）。

## 二、编辑选项卡

在"使用层颜色材料"编辑器中单击"编辑"，即可打开"编辑"选项卡（图3-18）。

### 1. 拾色器

在该下拉列表中可以选择颜色体系，包括色轮、HLS、HSB、RGB 4种可供选择。

（1）色轮。选择该颜色体系可以直接从色盘上取色，拖动色盘右侧的颜色条滑块可调整色彩的明度，选择的颜色会在"点按开始使用这种颜料绘画"窗口实时显示（图3-19）。

（2）HLS。HLS分别代表色相、亮度和饱和度，选择该颜色体系可以对色相、亮度和饱和度进行调节（图3-20）。

（3）HSB。HSB分别代表色相、饱和度和明度，选择该颜色体系可以对色相、饱和度和明度进行调节（图3-21）。

（4）RGB。RGB分别代表红色、绿色和蓝色，选择该颜色体系可以对红色、绿色和蓝色三色进行调节（图3-22）。

### 2. "匹配模型中对象的颜色"按钮

单击该按钮可在模型中进行取样。

图3-15　默认图像编辑器

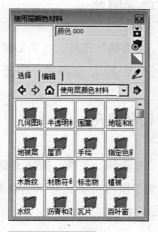

图3-16　材质库

图3-17　选择材质

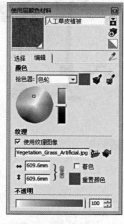

图3-18　"使用层颜色材料"编辑器

图3-19　色轮

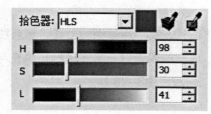

图3-20　HLS

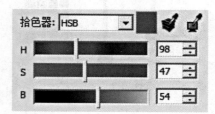

图3-21　HSB

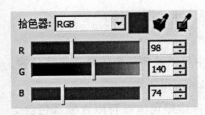

图3-22　RGB

3. "匹配屏幕上的颜色"按钮

单击该按钮可在屏幕中进行取样。

4. 纹理"长宽比"文本框

SketchUp Pro中的贴图是连续、重复的贴图单元，在该文本框中输入数值可调整贴图单元的大小，单击文本框右侧的"锁定/解除锁定图像高宽比"按钮，可取消长宽比的锁定，解除贴图长宽比锁定状态。

5. 不透明

在此可调节任何材质的不透明度，对表面应用透明材质可使其具有透明性。

# 第三节　填充材质

（a）

在SketchUp Pro中使用"油漆桶"工具可以对场景中的物体填充材质，使用"油漆桶"工具配合键盘的按键，能更方便、快速地填充材质。

## 一、选择填充

选取"油漆桶"工具，在需要赋予材质的图元上单击鼠标左键即可填充材质（图3-23），选择多个图元可同时进行填充（图3-24）。

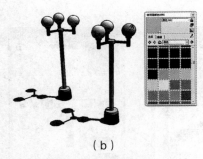

（b）

图3-23　"油漆桶"工具

## 二、相邻填充

选取"油漆桶"工具，按住键盘上的Ctrl键，当鼠标移至可填充的表面时，单击鼠标可填充与所选表面相邻且同一材质的所有表面（图3-25、图3-26）。

## 三、替换填充

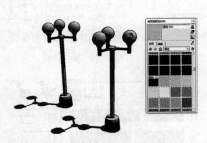

图3-24　选择填充

选取"油漆桶"工具，然后按住键盘上的Shift键，当鼠标移至可填充的表面时，单击鼠标可填充与所选表面同一材质的所有表面（图3-27、图3-28）。

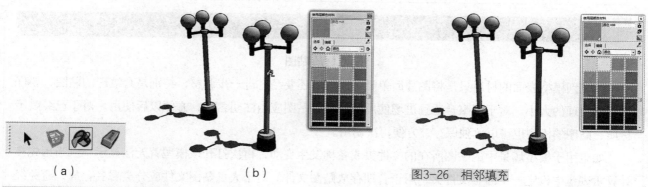

（a）　　　　　　　　　　（b）

图3-25　鼠标移至可填充表面　　　　　　图3-26　相邻填充

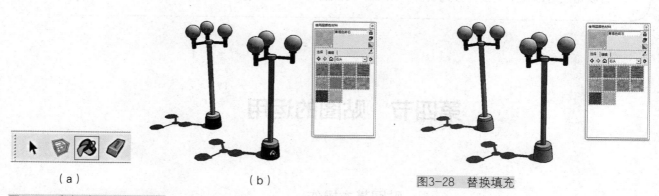

（a）　　　　　　　　　　（b）

图3-27　鼠标移至可填充表面　　　　　　图3-28　替换填充

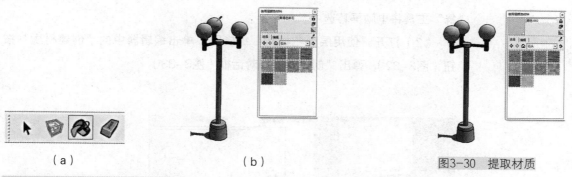

（a）　　　　　　　　　　（b）

图3-29　光标变为"吸管"工具　　　　　　图3-30　提取材质

## 四、提取材质

选取"油漆桶"工具，按住键盘上的Alt键，光标会变为"吸管"
工具（图3-29），在场景中单击图元即可提取该物体的材质，并将其设
置为当前材质（图3-30）。

– 补充要点 –

### 模型材质贴图

填充到模型表面的材质只是将图片简单赋予模型，还要经过进一步调整，特别是有纹理的贴图，要仔细调整纹理的大小。对于调整合适且进场使用的材质、贴图应当注明名称，方便以后使用。对于已经赋予材质、贴图的模型也可以单独保存，方便再次调用。

如果用于模型场景中的贴图所在的文件夹或名称发生变动，再次打开该模型就无法显示，应当预先在计算机硬盘中设定一个固定文件夹，用于长期存放贴图文件。对于大量贴图文件应分类署名存放，避免经常更改文件夹位置。

材质贴图可以在相关设计素材资源网站上下载，还可以在生活中拍摄积累。

# 第四节　贴图的运用

## 一、贴图基本操作

（1）打开素材中的"第三章—1贴图的运用"文件（图3-31）。使用"选择"工具将电脑屏幕选中。

（2）打开"使用层颜色材料"编辑器，单击编辑器中的"创建材质"按钮（图3-32），弹出"创建材质"对话框（图3-33）。

图3-31　打开素材

图3-32　"使用层颜色材料"编辑器

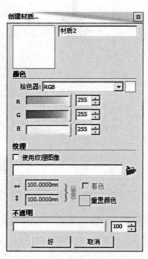

图3-33　"创建材质"对话框

（3）勾选"创建材质"对话框中的"使用纹理图像"选项，在弹出的"选择图像"对话框中选择素材中的"第三章—3贴图的运用"文件（图3-34），单击"打开"按钮，回到"创建材质"对话框中单击"好"按钮完成材质的创建。

（4）选择该材质并赋予屏幕（图3-35），选择赋予材质的面单击鼠标右键，选择"纹理—位置"命令（图3-36），此时会出现4个彩色图钉（图3-37）。

（5）通过对4个彩色图钉的控制调整贴图的大小与位置，使贴图符合屏幕大小（图3-38）。

（6）调整完成后，按回车键确定，即可完成贴图（图3-39）。

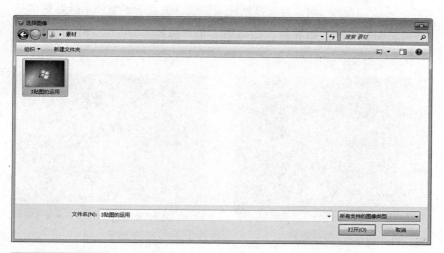

图3-34　打开素材

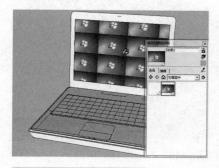

图3-35　将材质赋予屏幕

图3-36　"纹理—位置"命令

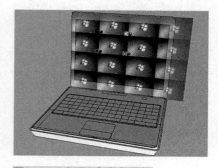

图3-37　出现4个彩色图钉

图3-38　使贴图符合屏幕大小

图3-39　完成贴图

## 二、贴图坐标的调整

### 1. "锁定图钉"模式

在物体的纹理贴图上单击鼠标右键，选择"纹理—位置"命令（图3-40），此时贴图呈半透明状态，并出现4个彩色图钉，每个彩色图钉都有其独特的功能（图3-41）。

（1）"平行四边形变形"图钉。拖动该图钉可将贴图进行平行四边形变形，移动"平行四边形变形"图钉时，下方的"移动"图钉和"缩放旋转"图钉固定不动（图3-42、图3-43）。

（2）"移动"图钉。拖动该图钉可移动贴图（图3-44、图3-45）。

（3）"梯形变形"图钉。拖动该图钉可将贴图扭曲变形，拖动"梯形变形"图钉时，其他3个图钉固定不动（图3-46、图3-47）。

（4）"缩放旋转"图钉。拖动该图钉可将贴图缩放和旋转，移动"缩放旋转"图钉时，"移动"图钉固定不动，并出现从中心点放射出两条虚线的量角器（图3-48、图3-49）。

### 2. "自由图钉"模式

在"自由图钉"模式下，图钉之间不受任何限制，可以拖到任意位置，适用于设置和消除贴图的扭曲现象。在贴图上单击鼠标右键，在弹出的菜单中

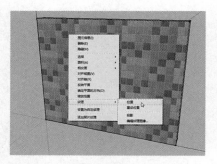

图3-40 "纹理—位置"命令

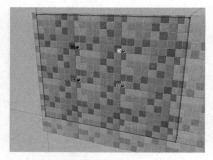

图3-41 出现4个彩色图钉

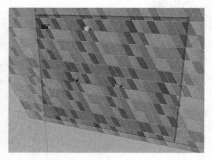

图3-42 拖动图钉

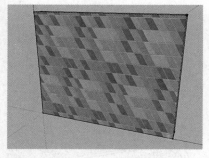

图3-43 "平行四边形变形"图钉效果

图3-44 拖动图钉

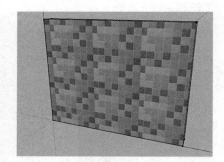

图3-45 拖动图钉效果

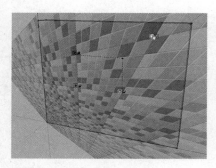

图3-46 拖动图钉

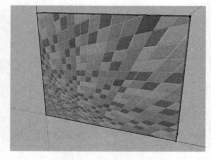

图3-47 梯形变形图钉效果

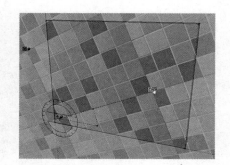

图3-48 缩放旋转

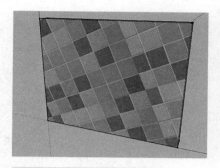
图3-49 缩放旋转图钉效果

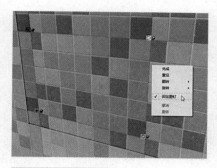
图3-50 自由图钉

图3-51 自由图钉效果

取消"固定图钉"选项的勾选，即可切换到"自由图钉"模式（图3-50、图3-51）。"自由图钉"模式中4个图钉为相同的黄色图钉，拖动图钉即可对贴图进行调整。

### 三、贴图的技巧

#### 1. 转角贴图

（1）打开素材中的"第三章—4转角贴图"文件（图3-52）。

（2）打开"使用层颜色材料"编辑器，单击"创建材质"按钮（图3-53），在弹出的"创建材质"对话框中勾选"使用纹理图像"选项，选择素材中的"第三章—6转角贴图"文件，单击"好"按钮完成材质的创建（图3-54、图3-55）。

（3）材质创建完成后选取"油漆桶"工具，将材质赋予模型的一个表面上（图3-56），在贴图上单击鼠标右键，选择"纹理位置"命令，此时进入贴图坐标调整状态，将贴图调整到合适的大小和位置（图3-57），按回车键确定

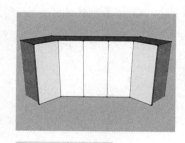
图3-52 打开素材

图3-53 单击"创建材质"
按钮

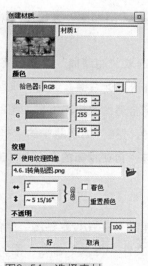
图3-54 选择素材

图3-55 完成材质创建

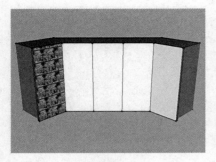

图3-56　将材质赋予模型

图3-57　调整贴图

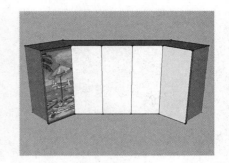

图3-58　调整完成

图3-59　在相邻表面上赋予材质

图3-60　材质赋予完毕

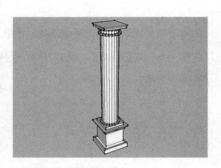

图3-61　打开素材

（图3-58）。

（4）使用"使用层颜色材料"编辑器中的"样本颜料"工具，在赋予材质的表面单击鼠标进行取样，再在相邻的表面上单击鼠标赋予材质，贴图会自动无错位相接（图3-59、图3-60）。

**2. 圆柱体的无缝贴图**

（1）打开素材中的"第三章—7圆柱体的无缝贴图"文件（图3-61）。

（2）打开"使用层颜色材料"编辑器，单击"创建材质"按钮（图3-62），在弹出的"创建材质"对话框中勾选"使用纹理图像"选项，选择素材中的"第三章—9圆柱体的无缝贴图"文件（图3-63），单击"好"按钮完成材质创建（图3-64）。

（3）材质创建完成后选取"油漆桶"工具，将材质赋予模型的一个表面上（图3-65），在贴图上单击鼠标右键，选择"纹理位置"命令，进入贴图坐标调整状态，将贴图调整到合适的大小和位置（图3-66），按回车键确定。

（4）使用"使用层颜色材料"编辑器中的"样本颜料"工具，在赋予材质的表面单击鼠标进行取样，再在相邻的表面上单击鼠标赋予材质，贴图会自动无错位相接（图3-67）。

**3. 投影贴图**

（1）打开素材中的"第三章—10投影贴图"文件（图3-68）。

（2）在菜单栏单击"文件—导入"命令（图3-69），弹出"打开"对话框，设置"文件类型"为"便携式网格图形（*.png）"，选择素材中的"第三章—12投影贴图"文件，在选项中设置为"用作图像"打开（图3-70）。

图3-62 单击"创建材质"按钮

图3-63 选择素材

图3-64 完成材质创建

图3-65 材质赋予模型

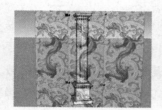

图3-66 调整贴图

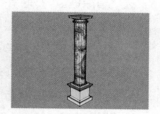

图3-67 调整完成

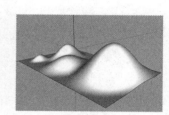

图3-68 打开素材

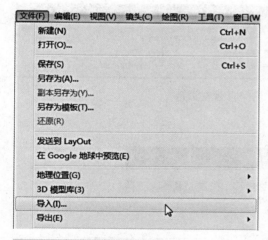

图3-69 "文件—导入"命令

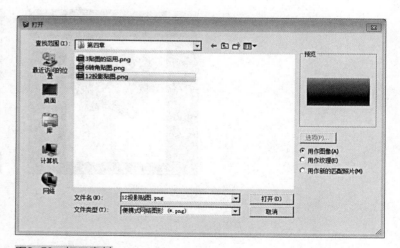

图3-70 打开素材

（3）将图像平行于蓝轴放置，并调整图像的大小与位置，使图像的上边线、下边线与模型的顶部和底部对齐（图3-71）。

（4）调整完成后，在图像上单击鼠标右键，选择"分解"命令，将图像转化为材质（图3-72）。

（5）在转化为材质的图像上单击鼠标右键，选

择"纹理—投影"命令（图3-73）。

（6）使用"使用层颜色材料"编辑器中的"样本颜料"工具，在转化为材质的图像上单击鼠标进行取样，再在模型上单击鼠标赋予材质，完成投影贴图（图3-74）。

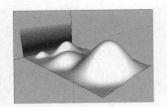
图3-71　调整图像

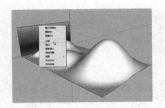
图3-72　将图像转化为材质

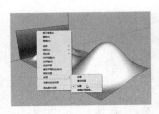
图3-73　"纹理—投影"命令

图3-74　完成投影贴图

### 4. PNG贴图

（1）打开Photoshop，从中打开素材中的"第三章—13PNG贴图"文件（图3-75）。

（2）在"图层"面板中双击"背景"图层，在弹出的"新建图层"对话框中单击"确定"按钮（图3-76），将背景图层转换为普通图层，便于后面编辑。

（3）选取工具箱中的"魔棒"工具，在工具属性栏设置容差为"40"，勾选"消除锯齿"，取消"连续"的勾选（图3-77）。设置完成后在图像的白色区域单击鼠标，将图层的白色区域选中（图3-78）。

（4）按键盘上的Delete键将白色区域删除，再按快捷键Ctrl+D取消选区（图3-79），图像中灰白棋盘格的区域即为透明区域。

（5）在菜单栏单击"文件—存储为"命令，在弹出的"存储为"对话框中将格式设置为PNG格式（图3-80），将其另存，此时贴图制作完成。

图3-75　打开素材

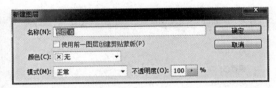
图3-76　新建图层

图3-77　设置"魔棒"工具

图3-78　选中白色区域

图3-79　取消选区

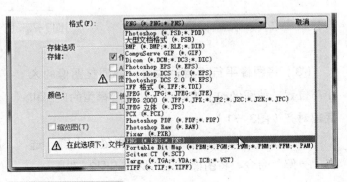
图3-80　设置PNG格式

（6）打开SketchUp Pro，在菜单栏单击"文件—导入"命令（图3-81），
将之前制作的图片以"用作图像"的形式打开（图3-82）。

（7）在场景中调整好贴图的大小和位置，完成效果如图3-83所示。

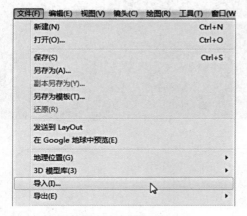

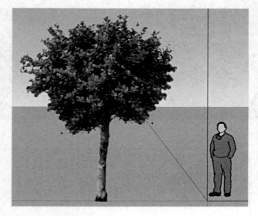

图3-81　"文件—导入"命令　　　　图3-82　选择"用作图像"　　　图3-83　完成效果

---

- 补充要点 -

### Photoshop制作贴图

　　用Photoshop制作贴图能为SketchUp Pro提供良好的图片素材，Photoshop最强大的功是制作去除底图或颜色的贴图，这些贴图可以分开图层，即将图片与底图分开，赋予到场景空间中，能将底图部位的背景显示出来，获得较真实的表现效果。

　　采用Photoshop制作贴图最关键的环节是正确采用"选取"工具，如魔棒、快速选取、遮罩、抠图、钢笔路径等工具都能达到满意的效果，具体选用哪一种工具要根据图片的轮廓特征来判断。

---

**本章小结**

　　在学习过程中，应准备一些常见的贴图图片，除了通过网络下载外，还可以根据设计要求进行专门拍摄、制作，这样能提高效果图的真实感。

**课后练习**

1. 建立一个简单的场景模型，导入配套模型，为模型赋予材质。

2. 采用Photoshop编辑处理图片，导入场景模型中作为贴图。

# 第四章
# 组与组件

识读难度：★ ★ ☆ ☆ ☆
核心概念：创建组、组件

---

### ◂ 章节导读

　　本章介绍SketchUp Pro的材质与贴图的运用方法，SketchUp Pro不同于AutoCAD、Photoshop等软件依赖于图层管理文件，它提供了"群/组件"的管理功能，可以将同类型相关联的物体创建为组，更加便于管理。

---

# 第一节　组的基本操作

### 一、创建组的操作

　　（1）打开素材中的"第四章—1创建群组"文件（图4-1）。

　　（2）在显示器上三击鼠标将显示器选中（图4-2），单击右键选择"创建组"命令（图4-3），也可在菜单栏单击"编辑—创建组"命令，都可将选中的图元创建为组（图4-4）。

　　（3）按照同样的操作将键盘创建为一个组（图4-5），选中的组会出现高亮显示的边框线。

　　（4）将显示器和键盘两个组同时选中，单击右键选择"创建组件"命令，将这两个组创建为一个组（图4-6），这样就完成了两级组模型的创建。

图4-1　打开素材

图4-2　选中显示器

图4-3　"创建组"命令

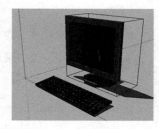
图4-4　将选中图元创建为组

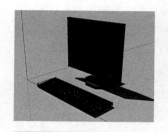
图4-5 将键盘创建为组

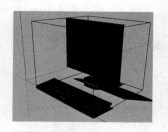
图4-6 创建两级组

图4-7 "编辑组"命令

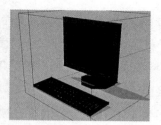
图4-8 进入组内部

图4-9 "分解"命令

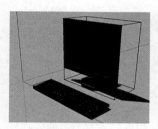
图4-10 将组分解

图4-11 "锁定"命令

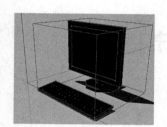
图4-12 将组锁定

## 二、编辑组的操作

### 1. 编辑组

要对组内的图元进行编辑时，需要进入组内，选取"选择"工具，在组上双击鼠标或单击右键选择"编辑组"命令，即可进入组内部（图4-7、图4-8）。

进入组后，组的外框会以虚线显示，组外的图元呈灰色显示，多层级的组会显示多个线框。在组内编辑时，组外的图元可以参考捕捉，但不可以被编辑。

### 2. 分解组

选中需要分解的组，单击鼠标右键，选择"分解"命令，即可将组分解（图4-9、图4-10），原嵌套在内的组会变为独立的组，重复使用"分解"命令可将嵌套的组逐级分解。

### 3. 锁定组

将组锁定可防止在操作过程中将组移动或删除，避免严重的损失。

（1）选中需要锁定的组，单击鼠标右键，选择

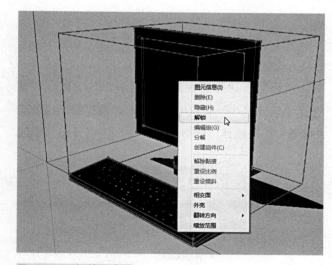
图4-13 "解锁"命令

"锁定"命令，可将组锁定（图4-11、图4-12），被锁定的组外框呈红色显示。

（2）选中需要解锁的组，单击鼠标右键，选择"解锁"命令，或在菜单栏单击"编辑取消锁定选定项/全部"命令，可以将组解锁（图4-13）。

### 三、为组赋予材质

在SketchUp Pro中可以为整个组或组内的单个图元赋予材质。当对整个组赋予材质时，组内已被赋予材质的平面将不再接受新材质，只有使用预设材质的平面接受新材质。

如图4-14所示，台灯底座已被赋予材质，其他部分使用预设材质，当对整个组赋予材质时，台灯底座材质不变，其他部分接受新材质（图4-15）。

图4-14　底座被赋予材质　　图4-15　其他部分接受新材质

# 第二节　组件

组件和组都可以对场景中的模型进行统一管理，但组件具有组所不具备的关联性，对一个组件进行修改，场景中的相同组件都会同步修改。

### 一、制作组件

将需要创建为组件的图元选中，单击鼠标右键选择"创建组件"命令（图4-16），或在菜单栏单击"编辑—创建组件"命令（图4-17），可弹出"创建组件"对话框（图4-18），在此可设置组件的信息。

**1．"名称/描述"文本框**

在此可对组件命名和对重要信息注释。

**2．黏接至**

在此设置组件插入时要对齐的面，有"无""任意""水平""垂直""倾斜"5个选项（图4-19）。

**3．切割开口**

勾选该项后，组件会在表面相交的位置切割开口，适用于门窗等组件。

   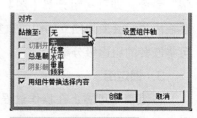

图4-16　"创建组件"命令　　图4-17　"编辑—创建组件"命令　　图4-18　"创建组件"对话框　　图4-19　"黏接至"选项

#### 4. 总是朝向镜头

勾选此项可使组件始终对齐视图，不受视图变更的影响。适用于组件为二维配景时，用二维物体代替三维物体避免文件因配景而变得过大（图4-20、图4-21）。

#### 5. 阴影朝向太阳

勾选"总是朝向镜头"后，此项会被激活，勾选此项可使物体阴影随着视图的变更而变更（图4-22、图4-23）。

#### 6. 设置组件轴

单击此按钮可设置组件的坐标轴，确定组件的方位（图4-24）。

#### 7. 用组件替换选择内容

勾选该项可将制作组件的源物体转换为组件，如不勾选该项，源物体将不发生任何变化，但制作的组件已被添加进组件库。

在菜单栏单击"窗口组件"命令，即可打开"组件"编辑器，在"选择"选项卡中选择要修改的组件，在"编辑"选项卡中可对其进行修改（图4-25、图4-26）。

## 二、插入组件

SketchUp Pro的组件可以从"组件"编辑器中调入，也可以从其他文件中导入，具体方法如下。

（1）在菜单栏单击"窗口—组件"命令，弹出"组件"编辑器，在"选择"选项卡中选择一个组件，在绘图区单击鼠标即可将选择的组件插入当前视图（图4-27）。

（2）在菜单栏单击"文件—导入"命令，可将组件从其他文件中导入当前视图，也可将其他视图的组件复制到当前视图中。

## 三、编辑组件

#### 1. "组件"编辑器

在菜单栏单击"窗口—组件"命令即可打开"组件"编辑器（图4-28），"组件"编辑器中包含"选择""编辑""统计信息"3个选项卡。

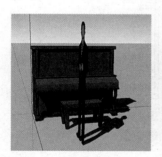
图4-20 未朝向镜头

图4-21 朝向镜头

图4-22 常规阴影方向

图4-23 阴影随视图变更

图4-24 确定组件的方位

图4-25 选择组件

图4-26 修改组件

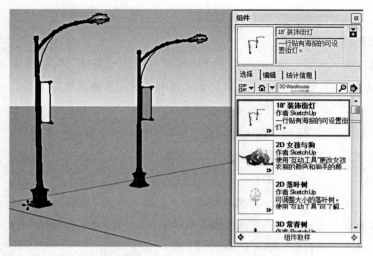

图4-27 将组件插入当前视图　　　　　　　　　　图4-28 "组件"编辑器　　图4-29 组件显示
　　　　　　　　　　　　　　　　　　　　　　　　　　　　　　　　　　　　　方式

图4-31 "详细信息"按钮

图4-30 "导航"下拉　图4-32 底部显示框　图4-33 "编辑"选项卡　图4-34 "统计信息"
菜单　　　　　　　　　　　　　　　　　　　　　　　　　　　　　　　　选项卡

（1）"选择"选项卡。单击"查看选项"按钮可弹出下拉菜单，在此可选择组件清单的显示方式（图4-29）。单击"在模型中"按钮可显示当前模型中正在使用的组件。单击"导航"按钮可弹出下拉菜单，在此可单击"在模型中"或"组件"选项切换显示的模型目录（图4-30）。选中模型中的一个组件，单击"详细信息"按钮可弹出菜单，包含"打开或创建本地集合""另存为本地集合"等选项（图4-31）。

在"选择"选项卡的底部显示框中可显示当前集合的名称，显示框两侧的按钮可用于前进或后退（图4-32）。

（2）"编辑"选项卡。选择了模型中的组件后，可在"编辑"选项卡中对组件的黏接至、切割开口、是否朝向镜头等信息进行设置（图4-33）。

（3）"统计信息"选项卡。在此可显示已选组件的绘图元素的类型和数量，还可以显示当前场景中该组件的数量（图4-34）。

**2. 右键关联菜单**

在组件上单击右键可打开菜单（图4-35），右键菜单中包括"图元信息""删除""隐藏"等命令。

（1）设置为自定项。在SketchUp Pro中相同的组件具有关联性，选择组件并单击该命令可对选中的组件进行单独编辑，不会影响其他组件。使用该命令的实质是为场景中多添加了一个组件。

（2）更改轴。单击该命令可以重新设置坐标轴。

（3）重设比例/重设倾斜/比例定义。组件的缩放与普通物体的缩放不同，如直接对一个组件进行缩放，则不会影响其他组件的比例大小；如进入组件内部进行缩放，则会改变所有相关联组件的大小比例。组件缩放完成后，单击"重设比例"或"重设倾斜"命令可将组件恢复原形。

（4）翻转方向。可在该命令的子菜单中选择翻转的轴线即可完成翻转。

**3. 隐藏模型的其余部分和隐藏类似的组件**

在菜单栏单击"视图—组件编辑—隐藏模型的其余部分/隐藏类似的组件"命令可对类似的组件和模型的其余部分进行显隐设置（图4-36）。如图4-37所示为建筑模型，双击可进入窗户组件。

（1）勾选"隐藏模型的其余部分"命令，除窗户组件外的模型会被隐藏（图4-38）。

（2）勾选"隐藏类似的组件"命令，除选中的窗户组件外，其他的窗户组件都会被隐藏（图4-39）。

（3）同时勾选"隐藏模型的其余部分"命令与"隐藏类似的组件"命令，其他的窗户组件和组件外的模型会被隐藏（图4-40）。

在菜单栏单击"窗口—模型信息"命令可打开"模型信息"对话框，单击"模型信息"对话框左侧的"组件"，打开"组件"面板（图4-41），在此可以勾选"隐藏"选项，将类似组件或其余模型隐藏，也可移动滑块设置组件的淡化效果。

**4. 组件的浏览与管理**

在菜单栏单击"窗口—大纲"命令即可打开"大纲"浏览器（图4-42），"大纲"浏览器以树形结构列表显示场景中的组和组件，条目清晰，便于管理，

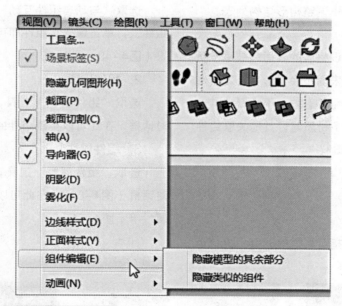

图4-36 组件编辑

图4-35 右键关联菜单

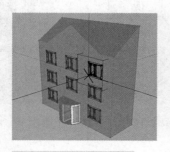

图4-37 显隐设置效果

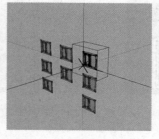

图4-38 隐藏模型的其余部分

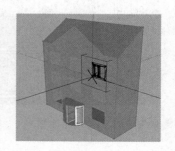

图4-39 隐藏类似的组件

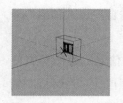

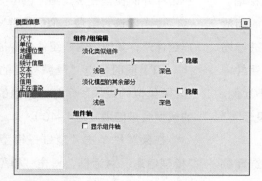

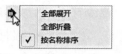

图4-40 隐藏其他组件　　　图4-41 "模型信息"对话框　　　图4-42 "大纲"浏览器　　　图4-43 "详细信息"菜单

适用于大型场景中组和组件的管理。

（1）"过滤"文本框。在此输入要查找的组或组件的名称，即可查找到场景中的组或组件。

（2）"详细信息"按钮。单击该按钮可弹出菜单（图4-43），包括"全部展开""全部折叠"和"按名称排序"命令，这些命令用于调整树形结构列表。

### 5. 为组件赋予材质

为组件赋予材质时，预设材质的表面会被赋予新的材质，而被指定了材质的表面不会受影响。为组件赋予材质的操作只对指定的组件有效，不会影响其他组件（图4-44）。在组内赋予材质时，其他关联组件也会改变（图4-45、图4-46）。

## 四、动态组件

动态组件是一种已为其指定属性的SketchUp Pro 组件，动态组件使用起来很方便，适用于制作楼梯、门窗、地板等组件。

"动态组件"工具栏包含3个工具（图4-47），分别为"与动态组件互动""组件选项""组件属性"。

### 1. 与动态组件互动

选取"与动态组件互动"工具，将鼠标移至动态组件上，单击鼠标，组件即可动态显示不同的属性效果（图4-48～图4-50）。

### 2. 组件选项

选取"组件选项"工具，可以弹出"组件选项"对话框，在此可以更改组件的显示效果（图4-49）。

### 3. 组件属性

选取"组件属性"工具，可以弹出"组件属性"对话框（图4-50），在此可以为选中的动态组件添加属性等（图4-51）。

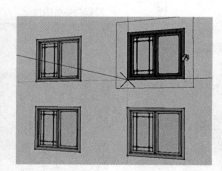

图4-44 为组件赋予材质　　　图4-45 组内赋予材质　　　图4-46 改变其他关联组件

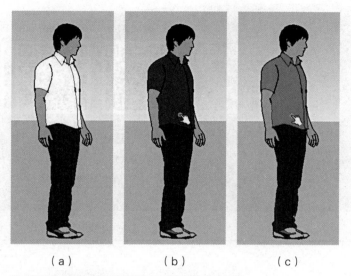

（a） （b） （c）

图4-47 "动
态组件"工具

图4-48 "与动态组件互动"工具使用效果

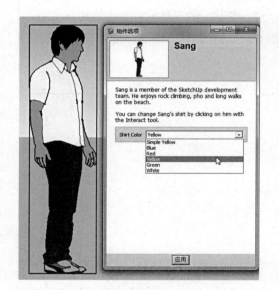

图4-49 "组件选项"对话框

图4-50 "组件属性"对话框

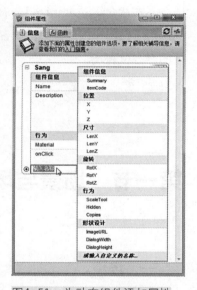

图4-51 为动态组件添加属性

**本章小结**

　　模型成组后能方便进行各种编辑，特别是效果图中的各种家具、成品等构造复杂的模型，它们都由多个独立模型组成，成组后能有效避免模型的部件缺失。

课后练习

　　1. 导入一套复杂的场景模型，对模型进行分组练习。

　　2. 对模型中各组件进行编辑。

# 第五章
# 场景与动画

PPT 课件

素材

教学视频

识读难度：★ ★ ★ ★ ☆
核心概念：场景、动画、导出

---

◀ **章节导读**

　　本章介绍SketchUp Pro的场景与动画的制作方法，SketchUp Pro作为一种三维软件，也能制作动画，这对于制作室内外效果图而言，是一种特别有利的补充，它的动画输出方法简单、快捷，适用于复杂场景的全方位表现。

# 第一节　场景与场景管理器

## 一、场景

　　在菜单栏单击"窗口—场景"命令即可打开"场景"管理器（图5-1），在此可以控制SketchUp Pro场景中的各种功能。

### 1. "更新场景"按钮

单击该按钮可更新场景。

### 2. "添加场景"按钮

单击该按钮可添加新的场景到当前文件中。

### 3. "删除场景"按钮

选择需要删除的场景，单击该按钮可以将选择的场景删除。

### 4. "场景下移"按钮/"场景上移"按钮

单击该按钮可将选中的场景在场景清单中上移或下移。

### 5. "查看选项"按钮

单击该按钮可弹出菜单（图5-2），在菜单中可选择场景清单的显示方式，包括"小缩略图""大缩略图""详细信息"和"列表"。

### 6. "显示详细信息"按钮

单击"显示详细信息"按钮，可显示"显示详细信息"面板（图5-3），再次单击该按钮可隐藏面板。在"显示详细信息"面板中可对场景的名称、说明和要保存的属性进行设置。

### 7. 包含在动画中

设置该场景是否在动画中使用。

### 8. 名称

设置当前场景的名称。

图5-1 "场景"管理器

图5-2 "查看选项"菜单

图5-3 "显示详细信息"面板

图5-4 右键单击缩略图

### 9. 说明

对当前场景提供简短的描述和说明。

### 10. 要保存的属性

设置当前场景中要保存的属性，勾选的属性将被保存到当前场景，更新属性后需更新场景。

### 11. 右键单击缩略图

执行该场景视图的常用命令（图5-4）。

## 二、添加场景

（1）打开素材中的"第五章—1页面及页面管理器"文件（图5-5）。在菜单栏单击"窗口—场景"命令打开"场景"管理器，单击"添加场景"按钮，添加"场景1"（图5-6）。

（2）调整视图后，再次单击"添加场景"按钮，添加"场景2"（图5-7）。

（3）同样继续完成其他页面中的添加，最终完成操作即可播放动画（图5-8）。

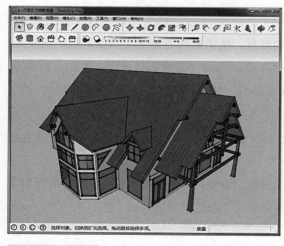

图5-5 打开素材

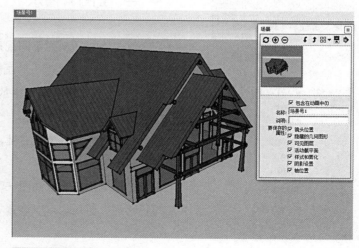

图5-6 添加"场景1"

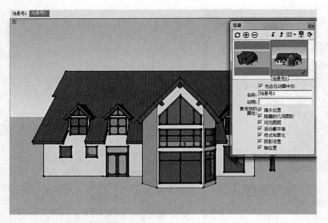

图5-7 添加"场景2"

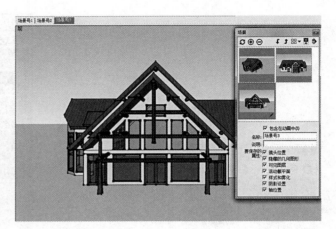

图5-8 播放动画

- 补充要点 -

**构图视角**

　　三维动画软件中的场景是指构图视角，采用"缩放"工具、"平移"工具等都可以对模型的视角进行变化。经过变化后的构图视角即发生变更，与原来打开文件时的角度不同了，这就是新的场景。

　　在动画制作中，需要对同一个模型创建不同的构图视角，以满足不同的动态变化，添加的场景会被保存至该文件中，以便继续编辑操作。

# 第二节　动画

## 一、幻灯片演示

图5-9 "播放"对话框

图5-10 "播放动画"命令

　　首先添加一系列不同视角的场景，使得相邻场景之间的视角相差不太大，在菜单栏单击"视图—动画播放"命令打开"播放"对话框（图5-9），单击"播放"按钮可播放场景中的展示动画，单击"暂停"按钮可暂停播放，单击"停止"按钮可退出播放。

　　在场景标签上单击右键，选择"播放动画"命令即可从选中的场景开始播放动画（图5-10）。

　　在菜单栏单击"视图—动画设置"命令，可以打开"模型信息"管理器中的"动画"面板，可以设置场景转换时间和场景延迟时间（图5-11）。

## 二、导出AVI格式的动画

在SketchUp Pro中能够播放动画，但不能对动画文件进行添加文字、音乐等修饰，也不支持在其他软件中播放，而且场景过大、过多时画面很难流畅播放，所以在SketchUp Pro中完成动画的制作后需要将其导出。SketchUp Pro支持AVI格式的动画导出。

在菜单栏单击"文件—导出—动画视频"命令，可以弹出"输出动画"对话框（图5-12），单击"输出动画"对话框中的"选项"按钮，打开"动画导出选项"对话框（图5-13）。

### 1. 分辨率

在下拉菜单中选择需要的分辨率，有"1080p Full HD""720p HD""480p SD""Custom"4种选择（图5-14）。

### 2. 图像长宽比

在此设置画面尺寸的长宽比，16∶9是宽屏的比例，4∶3是标准屏的比例（图5-15）。

### 3. 桢尺寸

当"分辨率"与"图像长宽比"都设置为"Custom"时，可自定义桢尺寸（图5-16）。

### 4. 预览桢尺寸

单击该按钮可预览桢尺寸。

### 5. 帧速率

设置每秒钟刷新的图片的帧数，单位为帧/秒，帧速率越大，渲染时间越长，输出的视频文件越大。

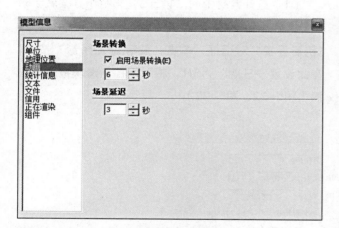

图5-11 "模型信息"管理器—"动画"

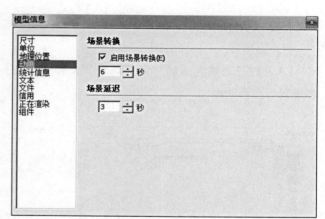

图5-12 "输出动画"对话框

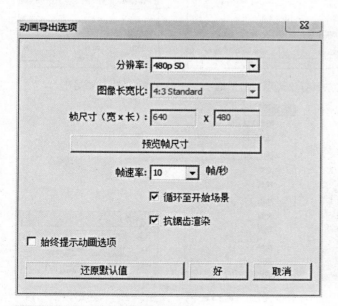

图5-13 "动画导出选项"对话框

图5-14 分辨率

图5-15 图像长宽比

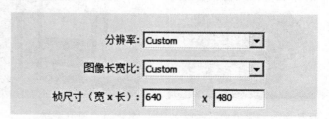

图5-16 桢尺寸

**6．循环至开始场景**

勾选该选项可以从最后一个场景倒退到第一个场景，形成无限循环的动画效果。

**7．抗锯齿渲染**

勾选该项可对导出的图像做平滑处理，但需要更长的导出时间。

**8．始终提示动画选项**

勾选该选项可以在创建视频文件之前总是先显示"动画导出选项"对话框。

在"动画导出选项"对话框设置完成后单击"好"按钮，回到"输出动画"对话框，在此设置输出路径，将"输出类型"设置为AVI格式，单击"导出"按钮即可导出AVI格式动画。

## 三、导出动画

（1）打开之前完成的"添加场景"文件，现在将场景导出为动画。

（2）在菜单栏单击"文件—导出—动画视频"命令，弹出"输出动画"对话框，在此设置文件的保存位置和文件名称，设置"输出类型"为AVI格式（图5-17）。

（3）单击"选项"按钮，在弹出的"动画导出选项"对话框设置"分辨率"为480p SD，"帧速率"为10帧/秒，将"循环至开始场景"和"抗锯齿渲染"勾选（图5-18），设置完成后单击"好"按钮。

（4）单击"导出"按钮，弹出"正在导出动画"对话框（图5-19），将AVI格式动画导出（图5-20）。

## 四、制作动画

（1）打开素材中的"第五章—5制作方案展示动画"文件（图5-21）。单击"窗口—阴影"命令打开"阴影设置"对话框，单击"显示/隐藏阴影"按钮，在此设置"日期"为5/1，将时间控制滑块拖至最左侧（图5-22、图5-23）。

图5-17 "输出动画"对话框

图5-18 "动画导出选项"对话框

图5-19 动画导出

图5-20 动画导出后播放

图5-21 打开素材

图5-22 "窗口—阴影"命令

图5-23 "阴影设置"对话框

（2）打开"场景"管理器，单击"添加场景"按钮，添加"场景1"（图5-24）。

（3）将"阴影设置"对话框中的时间控制滑块拖至最右侧，再添加一个场景（图5-25）。

（4）打开"模型信息"对话框，在"动画"面板中勾选"启用场景转换"，设置为5秒，"场景延迟"设置为0秒（图5-26）。

（5）设置完成后单击"文件—导出—动画视频"命令，设置好动画的保存路径和格式即可导出动画（图5-27）。

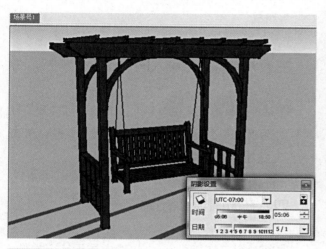

图5-24 添加"场景1"

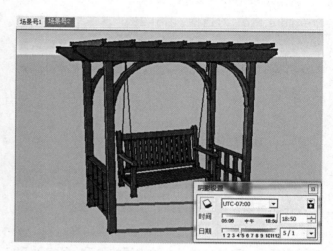

图5-25 再添加一个场景

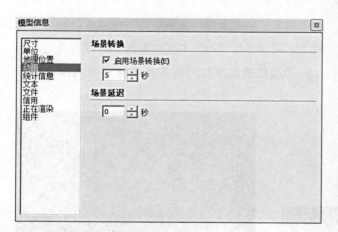

图5-26 "模型信息"对话框

图5-27 导出动画

# 第三节　使用Premiere软件编辑动画

## 一、打开Premiere

启动Premiere软件，会弹出"欢迎使用Adobe Premiere Pro"对话框（图5-28），单击"新建项目"选项，弹出"新建项目"对话框，在此可以设置文件的保存路径和名称（图5-29），设置完成后单击"确定"按钮。

## 二、设置预设方案

单击"确定"按钮后会弹出"新建序列"对话框，在此可以设置预设方案，预设方案包括文件的压缩类型、视频尺寸、播放速度、音频模式等。为了方便用户使用，系统提供了几种常用的预设，用户也可以自定义预设，在制作过程中还可以根据需要更改这些选项。

由于我国电视台采用PAL制式播放，所以视频需要在电视中播放，应该选择PAL制式的设置，在此设置为"标准48kHz"（图5-30）。选择一种设置后，相应的预设参数会显示在右侧的"预置描述"文本框中。

设置完成后单击"确定"按钮即可启动Premiere软件（图5-31）。Premiere软件的主界面由"工程窗口""监视器窗口""时间轴""过渡窗口""效果窗口"等组成。

## 三、将AVI文件导入Premiere

在菜单栏单击"文件—导入"命令即可打开"导入"对话框，在此选择需要导入的AVI文件，单击"打开"按钮即可将其导入（图5-32）。

## 四、在时间轴上衔接

时间轴窗口在Premiere软件中居于核心地位，在时间轴窗口中可以将视频片段、图像、声音等组合起来，可以制作各种特技效果（图5-33）。

时间轴包含多个通道，能够将视频、图像与声音组合起来。将左上角"工程窗口"中的素材拖至时间轴上，可以自动将拖入的文件装配到相应的通道上。

沿通道拖动素材即可改变素材在时间轴中的位

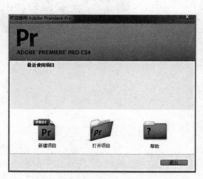

图5-28　"欢迎使用Adobe Premiere Pro"对话框

图5-29　设置保存路径和名称

图5-30 选择PAL制式

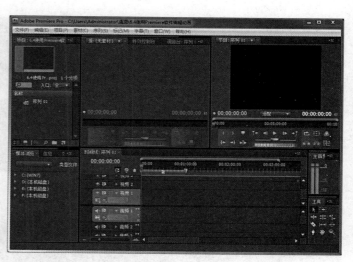

图5-31 启动Premiere软件

图5-32 "导入"对话框

图5-33 时间轴窗口

图5-34 "效果"选项
面板

图5-35 "效果"选项面
板中的文件夹

置,将两段素材首尾相连即可实现画面无缝拼接的效果。也可将"效果"选项
面板中的特技效果拖入素材中实现视频之间的过渡连接(图5-34)。调整"素
材显示大小"滑块可以将素材放大或缩小显示。

## 五、制作过渡特效

视频切换时为了使衔接效果更加自然或有趣,可以添加过渡特效。

### 1. 效果面板

"效果"面板位于界面的左下角,面板中有详细分类的文件夹,单击扩展
按钮可以打开文件夹,每个文件夹下面都有一组不同的过渡效果(图5-35)。

### 2. 在时间轴上添加过渡

选择一种过渡效果并将其拖到时间轴的"特效"通道中,系统会自动确定
过渡长度和匹配过渡部分(图5-36、图5-37)。

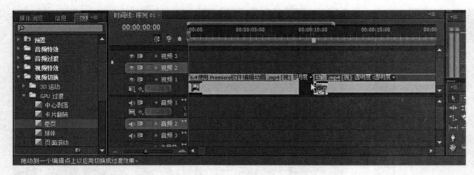

图5-36 "特效"通道

图5-38 过渡特效属性设置

图5-37 过渡匹配

图5-39 "视频特效"文件夹

### 3. 过渡特效属性设置

在"特效"通道的过渡显示区上双击鼠标,在"特效控制台"中即可出现属性编辑面板(图5-38),能设置过渡特技效果。

## 六、动态滤镜

在Premiere软件中可以使用各种视频和声音滤镜,为原始视频和声音添加特效。在"效果"选项面板中单击"视频特效"文件夹,能够看到详细分类的视频特效文件夹(图5-39)。

在"视频特效"文件夹中打开"生成"子文件夹,选择"镜头光晕"文件,将其拖到时间轴素材上,此时在"特效控制台"中会出现"镜头光晕"特效的参数设置栏(图5-40)。

在"镜头光晕"特效的参数设置栏中可以设置点光源的位置、光线强度等信息(图5-41),将特效名称上下拖动可改变特效顺序,在特效名称上单击鼠标右键可弹出菜单,可进行复制、清除等操作(图5-42)。

图5-40 "镜头光晕"特效

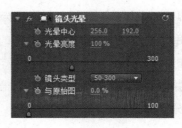

图5-41 "镜头光晕"特效参数设置

## 七、编辑声音

使用Premiere软件可以制作淡入、淡出的音频效果。将音频素材导入并拖到时间轴的音频通道上（图5-43）。使用"剃刀"工具可以将音频剪切，将多余的音频部分删除（图5-44）。

音频滤镜的添加方法与视频滤镜的添加方法相似，音频通道的使用方法也与视频通道的使用方法相似。

## 八、添加字幕

（1）在菜单栏单击"文件—新建—字幕"命令弹出"新建字幕"对话框，在此可设置尺寸、名称等信息（图5-45、图5-46）。

（2）设置完成后单击"确定"按钮可打开"字幕"编辑器，选取"文字"工具并在编辑区拖出1个矩形文件框，在文件框中输入文字内容，输入完成后可在"字幕样式""字幕属性"等面板设置字体样式、大小、颜色等效果（图5-47）。

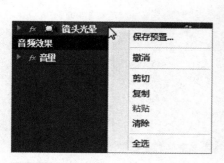

图5-42　右键菜单

图5-43　音频素材导入

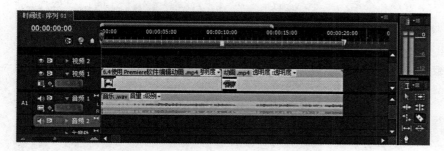

图5-44　"剃刀"工具剪切

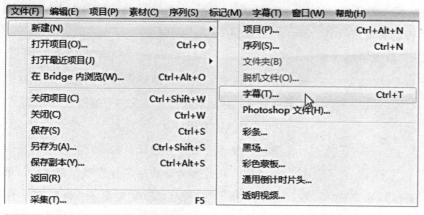

图5-45　"文件—新建—字幕"命令

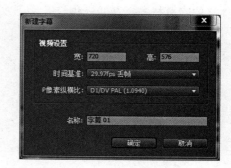

图5-46　"新建字幕"对话框

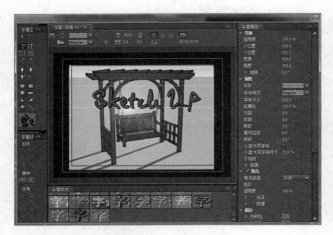

图5-47 "字幕"编辑器

图5-48 将字幕拖到时间轴上

图5-49 修改字幕类型

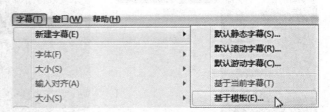

图5-50 "字幕—新建字幕—基于模板"命令

（3）单击"文件—保存"命令保存字幕，然后将"字幕"编辑器关闭。此时在"工程窗口"中可找到字幕，将其拖到时间轴上（图5-48）。

（4）动态字幕与静态字幕可以相互转换，在时间轴的字幕通道上双击，弹出"字幕"编辑器，单击"滚动/游动选项"按钮可以弹出"滚动/游动选项"对话框，在此可修改字幕类型（图5-49），这样，静态文字就变成了动态文字。

（5）在菜单栏单击"字幕—新建字幕—基于模板"命令，打开"新建字幕"浏览器，在此有很多风格的字幕样式，选择一种打开后可以在"新建字幕"编辑器中对其进行修改（图5-50、图5-51）。

## 九、保存与导出

### 1. 保存PPJ文件

在Premiere软件中单击"文件—保存"命令或"文件—另存为"命令可以对文件进行保存，默认的格

图5-51 "新建字幕"编辑器

式为.prproj格式。该格式能够保存当前影片编辑状态的全部信息，以后直接打开该文件可继续进行编辑。

### 2. 导出AVI文件

单击"文件—导出—媒体"命令可打开"导出设置"对话框，在此可为影片命名并设置保存路径，单击"确定"按钮就可以合成AVI电影了（图5-52、图5-53）。

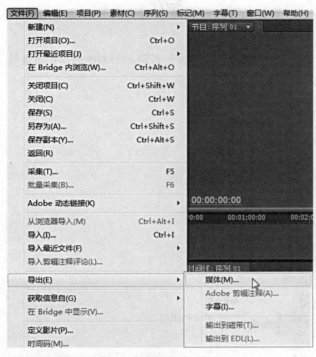

图5-52 "文件—导出—媒体"命令

图5-53 导出AVI文件

― 补充要点 ―

### Adobe Premiere

　　Adobe Premiere是一款常用的视频编辑软件，画面编辑质量较好，由Adobe公司推出，有较好的兼容性，且可以与Adobe公司推出的其他软件相互协作。目前，这款软件广泛应用于广告制作和电视节目制作中，也可以用于各种视频动画的后期处理。

　　Premiere可以提升视频动画的创作能力与自由度，它是易学、高效、精确的视频剪辑软件。Premiere提供了采集、剪辑、调色、美化音频、字幕添加、输出、DVD刻录的一整套流程，并与Adobe的其他软件高效集成，能完成各种动画编辑、制作任务。

# 第四节　批量导出场景图像

　　（1）打开素材中的"第五章—8批量导出页面图像"文件（图5-54），该文件已设置多个场景。

　　（2）单击"窗口—模型信息"命令，在打开的"模型信息"对话框中打开"动画"面板，设置"场景转换"为1秒，设置"场景延迟"为0秒，按回车键确定（图5-55）。

　　（3）单击"文件—导出—媒体"命令可打开"输出动画"对话框，在此设置保存路径和类型

（图5-56）。

（4）单击"选项"按钮，弹出"动画导出选项"对话框，设置"分辨率"为480p SD，帧速率为1帧/秒（图5-57）。

（5）设置完成后单击"导出"按钮开始导出（图5-58）。

（6）最后，可以看到在SketchUp Pro中批量导出的图片（图5-59）。

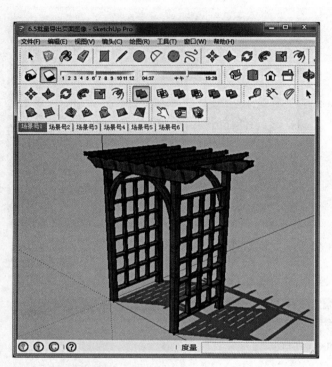

图5-54　打开素材

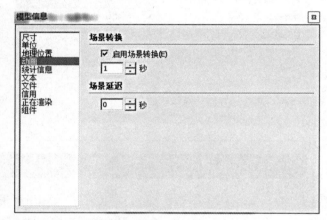

图5-55　"模型信息"对话框

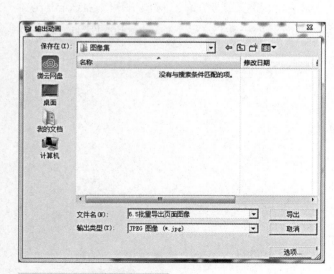

图5-56　"输出动画"对话框

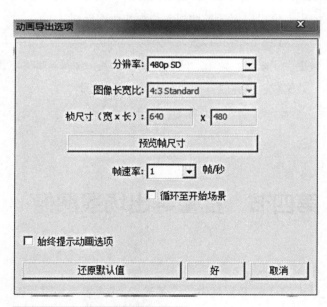

图5-57　"动画导出选项"对话框

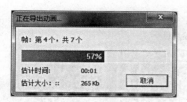

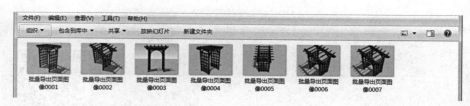

图5-58  导出动画　　　图5-59  批量导出图片完成

本章小结

　　输出动画后一般应在Premiere中打开，可以继续编辑加工、配置音乐、进行剪辑后再输出为成品动画，能满足各种商业表现的要求。

课后练习

1. 导入一套复杂的场景模型，为模型设计动画并输出。
2. 熟悉并了解Premiere的基本操作方法。

# 第六章
# 截面剖切

PPT 课件　　　素材　　　教学视频

识读难度：★ ★ ★ ★ ☆
核心概念：截面、导出、动画

---

◀ **章节导读**

　　本章介绍SketchUp Pro的截面剖切功能与方法，对模型进行剖切后，能观察到模型的内部构造，并用于效果图的结构分析，能单独反映设计创意的细节。

---

# 第一节　截面

## 一、创建截面

　　（1）打开素材中的"第六章—1创建截面"文件（图6-1）。

　　（2）选取"截平面"工具，将光标移至模型处，光标将变为带有截平面的指示器，指示器方向与所指向的模型表面平行（图6-2）。

　　（3）移动指示器到合适的位置单击鼠标即可生成一个横截面图元（图6-3）。

## 二、编辑截面

### 1. 截面工具栏

　　在菜单栏单击"视图—工具条"命令，在弹出的"工具栏"对话框中勾选"截面"选项，即可显示截面工具栏（图6-4）。截面工具栏包含"截平面"工具、"显示截平面"工具和"显示截面切割"工具，使用"截面"工具栏可以进行常见的截面操作。

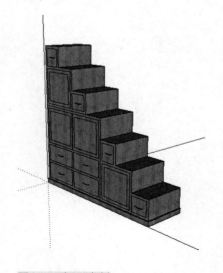

图6-1　打开素材

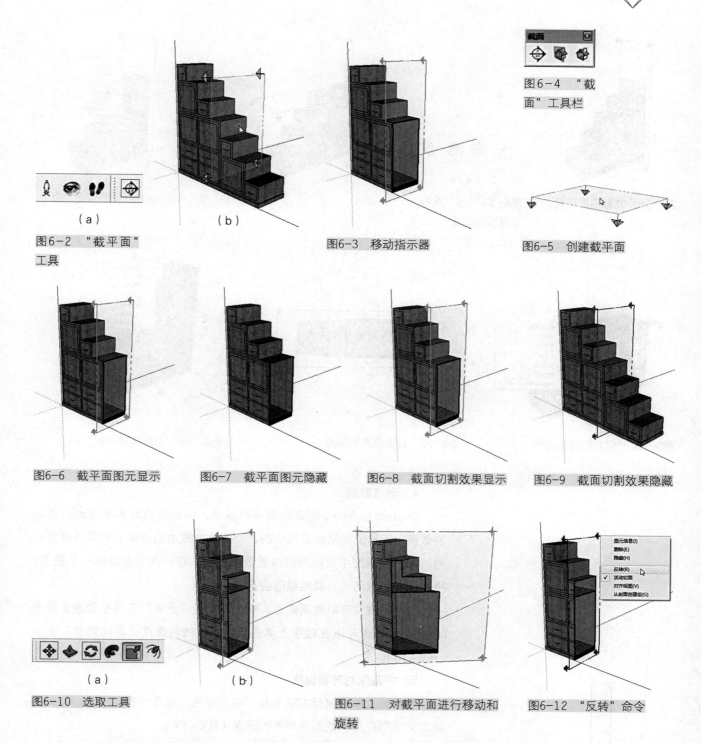

图6-4 "截面"工具栏

图6-5 创建截平面

（a） （b）

图6-2 "截平面"工具

图6-3 移动指示器

图6-6 截平面图元显示　图6-7 截平面图元隐藏　图6-8 截面切割效果显示　图6-9 截面切割效果隐藏

（a） （b）

图6-10 选取工具

图6-11 对截平面进行移动和旋转

图6-12 "反转"命令

（1）"截平面"工具。使用该工具可以创建截平面，选取该工具后，光标将变为带有截平面的指示器（图6-5）。

（2）"显示截平面"工具。使用该工具可以控制截平面图元的显示或隐藏（图6-6、图6-7）。

（3）"显示截面切割"工具。使用该工具可以控制截平面切割效果的显示或隐藏（图6-8、图6-9）。

**2. 移动和旋转截面**

生成的截平面图元与其他图元一样可以进行移动、旋转等操作。选取"移动"工具和"旋转"工具可对截平面进行移动和旋转（图6-10、图6-11）。

**3. 翻转截平面方向**

在截平面上单击鼠标右键，选择"反转"命令（图6-12），可将截平面反转（图6-13）。

图6-13　将截平面反转

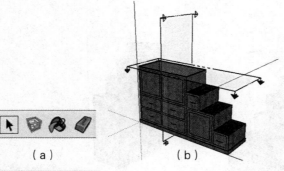

（a）　　　　　　　（b）

图6-14　以"选择"
工具双击截面

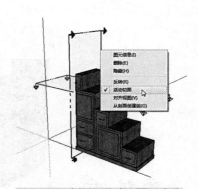

图6-15　选择"活动切面"命令

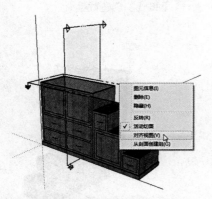

图6-16　"对齐视图"命令

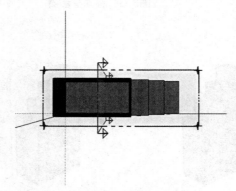

图6-17　截面对齐到屏幕

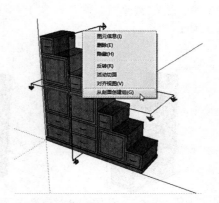

图6-18　"从剖面创建组"命令

#### 4. 激活截面

SketchUp Pro中的截面有两种状态，分别为活动和不活动，活动的截面指示器上的箭头是实心的，不活动的截面指示器上的箭头是空心的。在一个模型中可以同时放置多个截面，但一次只能激活一个截面，将一个截面激活后，其他截面会自动淡化。

有两种方式可以激活截面，既可以使用"选择"工具在截面上双击（图6-14），也可以在截面上单击鼠标右键然后选择"活动切面"命令（图6-15）。

#### 5. 将截面对齐到视图

在截面上单击鼠标右键选择"对齐视图"命令（图6-16），可以重新定义模型视角，截面将对齐到屏幕（图6-17）。

#### 6. 创建剖切群组

在截面上单击鼠标右键选择"从剖面创建组"命令（图6-18），可在截面与模型表面相交的位置产生新的边线，并封装在组中（图6-19）。

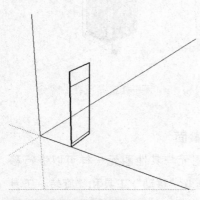

图6-19　产生新的边线

# 第二节　导出截面与动画制作

## 一、导出截面

（1）打开素材中的"第六章—2导出截面"文件（图6-20），文件已创建截面。

（2）在菜单栏单击"文件—导出—剖面"命令，这时就弹出"输出二维剖面"对话框（图6-21），在此设置文件名、输出路径，将"保存类型"设置为DWG文件，单击对话框右下角的"选项"按钮，在弹出的"二维剖面选项"对话框中设置参数（图6-22）。

①正截面。勾选该项后，导出的剖面会与镜头对齐。

②屏幕投影。勾选该项后，导出的剖面即为当前镜头角度所见的形态。

③图纸比例与大小。设置导出的剖面与模型中剖面的比例，通常勾选"实际尺寸"。

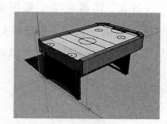

图6-20　打开素材

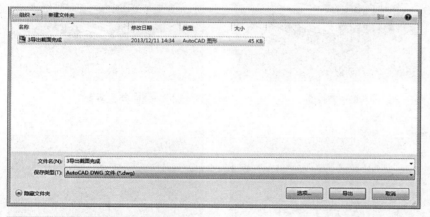

图6-21　"输出二维剖面"对话框

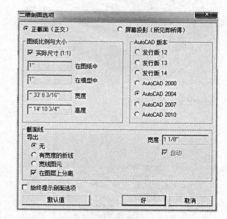

图6-22　"二维剖面选项"对话框

④AutoCAD版本。设置打开导出文件的AutoCAD版本，通常会选择较低版本。

⑤截面线。设置导出的截面线宽度。

（3）参数设置完成后单击"导出"按钮，导出完成后会弹出对话框提示完成（图6-23），导出的文件可在AutoCAD中打开（图6-24）。

图6-23　完成

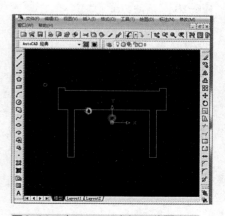

图6-24　在AutoCAD中打开截面文件

## 二、制作截面动画

（1）打开素材中的"第六章—4制作剖面动画"文件（图6-25），该模型制作完成后已被创建为组。

（2）在模型上双击鼠标进入组，选取"截平面"工具在模型最底部创建一个截面（图6-26）。

（3）将截面向上复制3份，要保证截面之间的间距相等，如不相等会出现模型"生长"速度不一致的情况，并且最上面一层的截面要高于现有模型（图6-27）。

（4）将最底层的截面选中，单击鼠标右键选择"活动切面"命令（图6-28）。

（5）将所有截面隐藏并退出组编辑状态，单击"视图—动画—添加场景"命令创建一个场景（图6-29）。

（6）场景创建完成后，将所有的截面显示，选择第二个截面，单击鼠标右键选择"活动切面"命令（图6-30）。再次将所有截面隐藏，并创建一个新场景（图6-31）。

（7）使用同样的方法为其余两个截面添加场景（图6-32）。

（8）单击"窗口—模型信息"命令打开"模型信息"对话框，在"动画"面板中设置"场景转换"为5秒，设置"场景延迟"为0秒（图6-33）。

（9）设置完成后单击"文件—导出—动画视频"命令将动画导出，效果如图6-34所示。

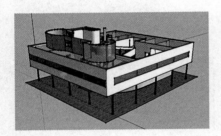

图6-25 打开素材

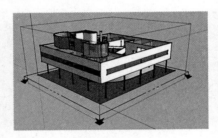

图6-26 创建一个截面

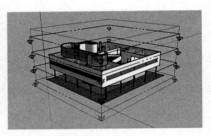

图6-27 截面向上复制

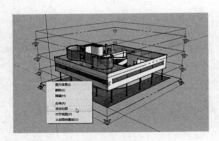

图6-28 "活动切面"命令

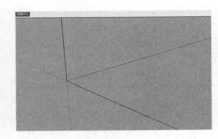

图6-29 创建一个场景

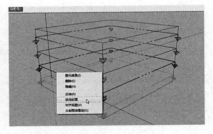

图6-30 "活动切面"命令

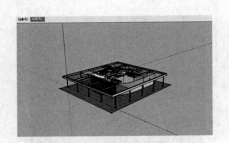

图6-31 创建一个新场景

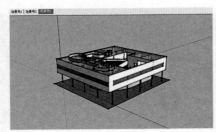

（a）

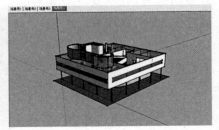

（b）

图6-32 添加截面场景

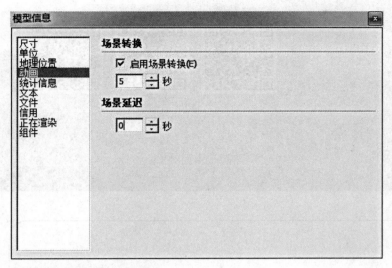

图6-33 "模型信息"对话框

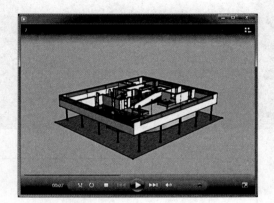

图6-34 导出动画

本章小结

　　创建截面后能建立模型场景，导出截面的矢量图，并能制作截面剖切的运动过程，这是室内外效果的重要表现方式之一，不仅适用于整体建筑的内部构造表现，还适用于室内家具、构造的细节分析，是设计与施工交流的重要表现手段。

课后练习

1. 制作一件家具，设置剖面效果并输出为图片。

2. 导入一套复杂的模型场景，分构造导出截面并制作动画。

# 第七章
# 沙箱工具

PPT 课件　　素材　　教学视频

识读难度：★ ★ ★ ★ ☆
核心概念：沙箱、地形

**◀ 章节导读**

　　本章介绍SketchUp Pro沙箱工具的使用方法，SketchUp Pro由此能轻松制作等高线地形、地貌模型，能满足景观规划、户外庭院效果图的制作需求。

# 第一节　沙箱工具栏

　　在用软件制作高低起伏的三维地形时，可以在其他软件中制作三维模型再导入SketchUp Pro中，也可以使用SketchUp Pro沙箱工具制作三维模型。

　　在菜单栏单击"视图—工具条"命令，在弹出的"工具栏"对话框中勾选"沙箱"选项，即可显示"沙箱"工具栏（图7-1），其包含"根据等高线创建"工具、"根据网格创建"工具、"曲面拉伸"工具、"曲面平整"工具、"曲面投射"工具、"添加细部"工具和"对调角线"工具。

## 一、根据等高线创建工具

　　使用"根据等高线创建"工具可以依次封闭相邻的等高线，从而形成三维地形。

　　（1）打开素材中的"第七章—1根据等高线创建

工具"文件（图7-2），该文件中已绘制好等高线。

　　（2）使用"移动"工具将绘制好的等高线沿垂直方向移到相应的高度（图7-3）。

　　（3）将全部等高线选中（图7-4），单击"根据等高线创建"工具即可自动生成三维模型（图7-5、图7-6）。

图7-1　"沙箱"工具栏　　　　图7-2　打开素材

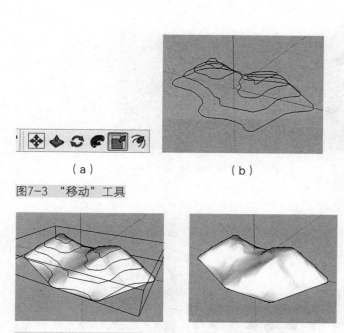

（a） （b）
图7-3 "移动"工具

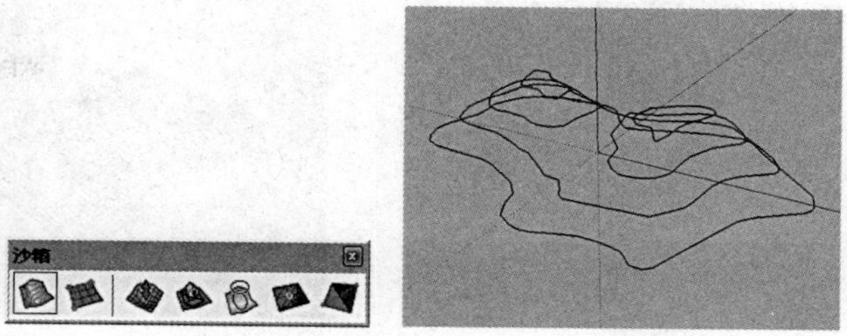

（a） （b）
图7-4 选中等高线

图7-5 根据等高线创建　　图7-6 生成三维模型

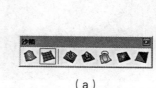

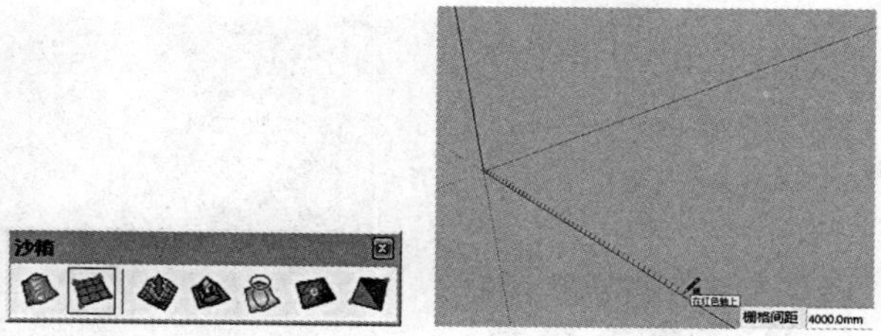

（a） （b）
图7-7 "根据网格创建"工具

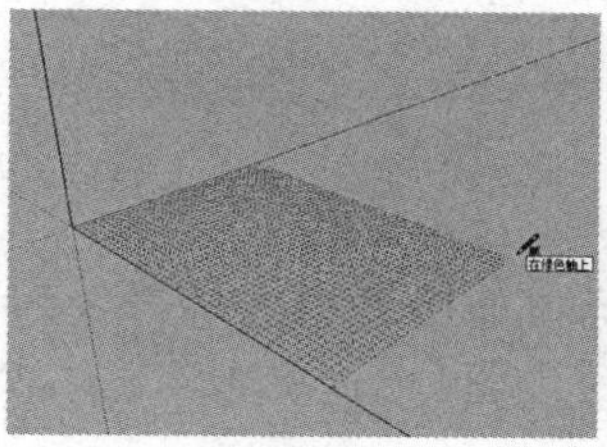

图7-8 绘制网格 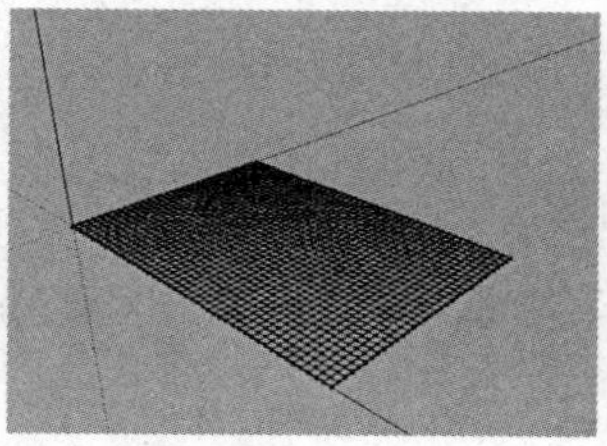　　图7-9 自动封面 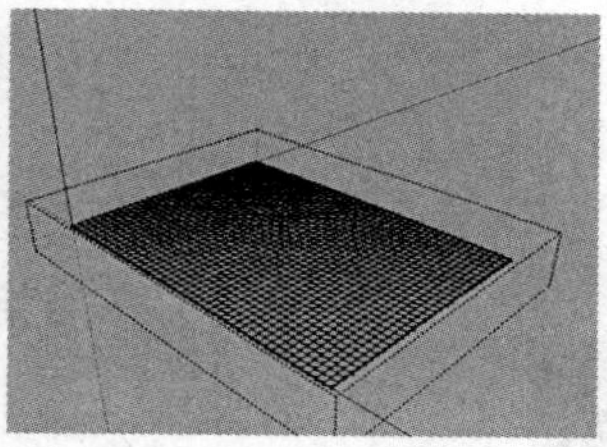　　图7-10 形成一个组

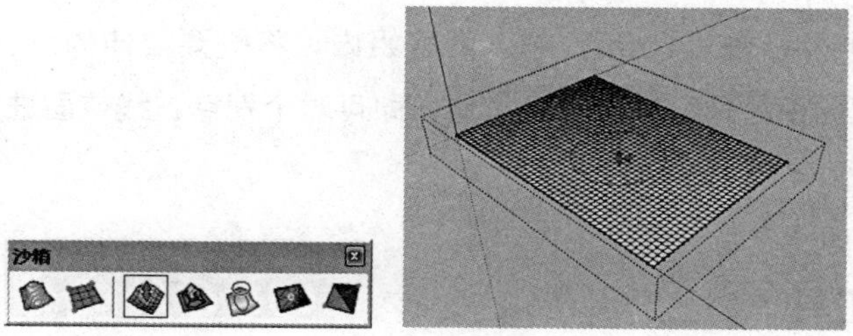

（a） （b）
图7-11 出现圆形的变形框

## 二、根据网格创建工具

使用"根据网格创建"工具可以根据网格创建三维地形，制作方法简单、直观，便于修改。

（1）选取"根据网格创建"工具，此时在数值输入区会提示输入栅格间距，输入"4000"，按回车键确定，在绘图区单击鼠标确定起点，移动鼠标并单击确定所需长度（图7-7）。

（2）在绘图区移动鼠标绘制网格平面，移到合适的位置单击鼠标即可完成网格的绘制（图7-8）。

（3）网格绘制完成后会自动封面并形成一个组（图7-9、图7-10）。

## 三、曲面拉伸工具

使用"曲面拉伸"工具能够将网格中的部分进行曲面拉伸。

（1）在之前制作的网格上继续进行操作，在网格组上双击鼠标进入组内部，选取"曲面拉伸"工具，此时在数值输入区会提示输入半径，输入数值指定半径，按回车键确定，此时将鼠标移到网格平面时会出现圆形的变形框（图7-11）。

（2）在网格中单击鼠标确定变形的基点，向上移动鼠标可将包含在圆圈内的对象进行不同幅度的变

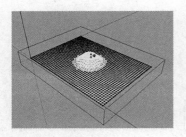
图7-12 移动

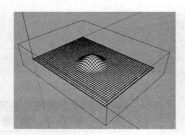
图7-13 移动变形

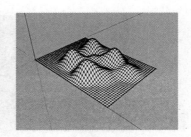
图7-14 拉伸地形

（a）

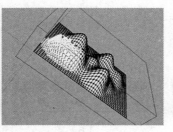
（b）

图7-15 "曲面拉伸"工具

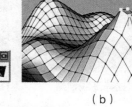
（a）

（b）

图7-16 对个别点、线、面拉伸

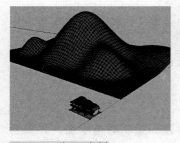
图7-17 打开素材

形（图7-12、图7-13）。

（3）在网格中可拾取不同的点上下移动鼠标拉伸出理想的地形（图7-14）。

（4）使用"曲面拉伸"工具默认的拉伸方向为z轴，如想进行多方位拉伸可先将网格组旋转，再进入组中进行拉伸（图7-15）。

（5）将变形框的半径设置为1mm，进入网格组内，将需要拉伸的点、线或面选中，再选取"曲面拉伸"工具进行拉伸，即可对个别点、线或面进行拉伸（图7-16）。

## 四、曲面平整工具

使用"曲面平整"工具能够将地形按照物体的轮廓进行平整，使物体与山地很好地进行衔接。

（1）打开素材中的"第七章—5曲面平整工具"文件（图7-17）。

（2）使用"移动"工具将建筑移到坡地上方（图7-18）。

（3）将建筑选中，单击"曲面平整"工具，系统即可自动进入计算状态，计算完成后，会在建筑的下方出现红色的轮廓框（图7-19）。

（4）在坡地上单击鼠标并上下移动即可调整地基高度（图7-20）。

（5）确定地基高度后，使用"移动"工具可将建筑移到平整后的坡地上（图7-21）。

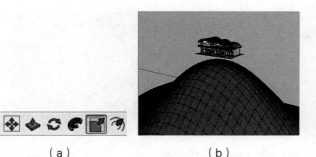
（a）　　　　　　　　（b）

图7-18　"移动"工具

（a）　　　　　　　　（b）

图7-19　"曲面平整"工具

图7-20　调整地基高度

图7-21　移动建筑到平整后
的坡地上

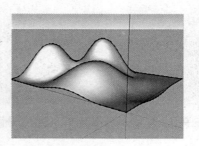

图7-22　打开素材

（a）
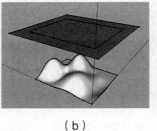
（b）

图7-23　"曲面投射"工具

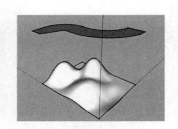

图7-24　封闭成面

图7-25　保留投影部分

## 五、曲面投射工具

使用"曲面投射"工具能够将物体的形状投影到地形上。

（1）打开素材中的"第七章—7曲面投射工具"文件（图7-22）。

（2）在地形的正上方创建一个平面，将该面创建为组，选取"曲面投射"工具依次在地形和平面上单击鼠标，地形边界会投影到平面（图7-23）。

（3）在平面上双击鼠标进入组内，在组内绘制需要投影的图形，使其封闭成面（图7-24），再将图像以外的部分删除，只保留需要投影的部分（图7-25）。

（4）将需要投影的物体选中，选取"曲面投射"工具，再在地形上单击鼠标，此时地形上就生成了道路平面的投影（图7-26、图7-27）。

（5）为山地和道路赋予材质，最后将平面删除。

## 六、添加细部工具

使用"添加细部"工具能够在根据网格创建地形不够精确的情况下，将网格进一步细化。使用"添加细部"工具可以将一个网格分成4块，形成8个三角面（图7-28、图7-29）。

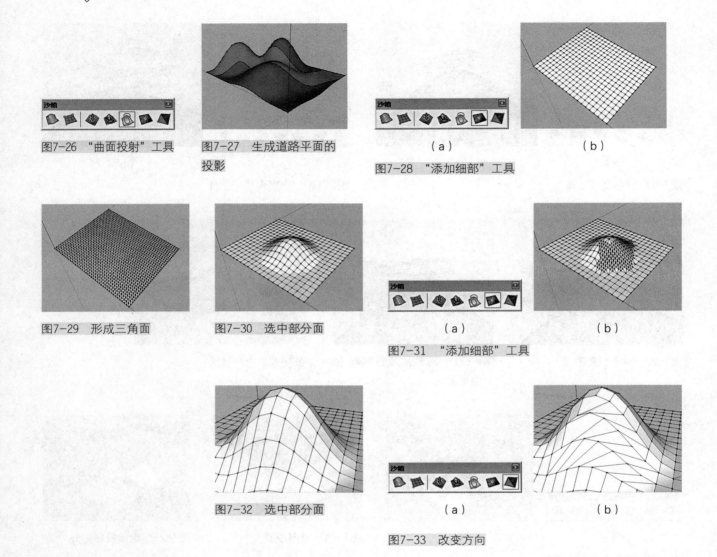

图7-26 "曲面投射"工具　　图7-27 生成道路平面的
投影

图7-28 "添加细部"工具

（a）　　　　　　　　　　（b）

图7-29 形成三角面　　图7-30 选中部分面

图7-31 "添加细部"工具

（a）　　　　　　　　　　（b）

图7-32 选中部分面

图7-33 改变方向

（a）　　　　　　　　　　（b）

　　也可以对局部进行细分，将需要细分的部分选中，单击"添加细部"工具
即可（图7-30、图7-31）。

## 七、对调角线工具

　　使用"对调角线"工具可以改变地形网格边线的方向，使网格地形符合
坡向。选中部分面，选取"对调角线"工具再分别单击边线，即可改变方向
（图7-32、图7-33）。

# 第二节 创建地形其他方法

（1）打开素材中的"第七章—9创建地形其他方法"文件（图7-34）。

（2）假设等高线高差为10m，使用"推/拉"工具依次将各个面向上多推拉10m（图7-35），完成效果如图7-36所示。这种方式创建的山体不是很精确，可以用来制作概念性方案或大面积丘陵地带的景观设计。

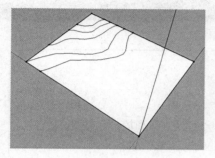

图7-34 打开素材

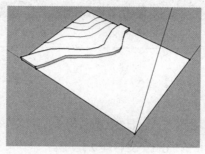

图7-35 向上推拉

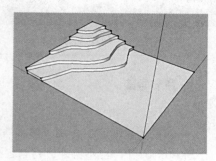

图7-36 推拉完成效果

**本章小结**

　　沙箱工具的制作前提是等高线，等高线可以在其他矢量图软件中绘制，再导入SketchUp Pro中，线条应呈环形且不相交状态，方便进一步加工。此外，生成后的模型还可以进一步修改、调整。

课后练习

1. 利用沙箱工具制作一件室外地形模型，并导入配套绿植模型。

2. 制作5~8种不同环境的地形模型，保存备用。

# 第八章
# 插件运用

PPT 课件　　　　素材

识读难度：★★★★☆
核心概念：插件、安装、建模、变形

## ◄ 章节导读

　　本章介绍SketchUp Pro的插件运用方法，任何图形图像制作软件都会配置一系列简便、快捷的插件，SketchUp Pro也不例外，将与之配套的插件安装后即可运用。

# 第一节　插件的获取与安装

## 一、插件的概念

　　插件是遵循一定规范编写出来的程序，用于扩展软件功能。SketchUp Pro拥有丰富的插件资源，有的插件由软件公司开发，有的插件由第三方或软件用户个人开发。

　　通常插件程序文件的后缀名为.rb，简单的SketchUp Pro插件只有一个.rb文件，复杂的插件会有多个.rb文件，还会带有子文件夹和工具图标。插件的安装非常简单，只需将插件文件复制到SketchUp Pro安装目录下的Plugins子文件夹即可。也有个别插件附有专门的安装文件，安装方法与普通应用程序相同。

## 二、插件的安装与使用

　　SketchUp Pro插件可以在互联网上搜索并下载。常用插件的安装方法如下。

　　（1）在需要安装的插件文件上单击鼠标右键，在弹出的菜单中选择"复制"命令（图8-1）。

　　（2）在SketchUp Pro的启动图标上单击鼠标右键，在弹出的菜单中选择"属性"命令（图8-2），会弹出"SketchUp属性"对话框（图8-3），单击"打开文件位置"按钮。

　　（3）在弹出的文件夹中找到Plugins文件夹并双击将其打开（图8-4），单击鼠标右键，在弹出的菜单中选择"粘贴"命令，即可将插件安装完成（图8-5）。

图8-1 "复制"命令

图8-2 "属性"
命令

图8-3 "SketchUp属性"对
话框

图8-6 "插件"
菜单

图8-7 "工具栏"对话框

图8-4 打开Plugins文件夹

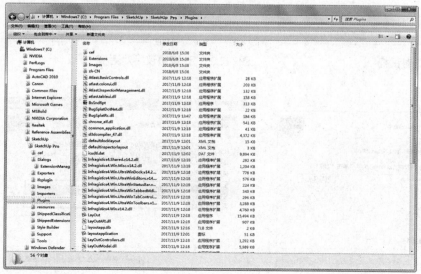

图8-5 安装插件

（4）插件安装完成后，将SketchUp Pro软件重新启动，此时就可以使用插件了，插件命令一般位于SketchUp Pro主菜单的"插件"菜单下（图8-6）。也有个别插件出现在"绘图"或"工具"菜单中。有些插件还有自己的工具栏，在"工具栏"对话框中可将其调出（图8-7）。同其他命令一样，插件命令也可以自定义快捷键。

# 第二节　SUAPP中文建筑插件集

SUAPP中文建筑插件集是一款强大的工具集，包含100余项实用功能，极大地提高了SketchUp Pro的快速建模能力。

## 一、SUAPP插件的安装方法

（1）使用鼠标在安装文件的图标上双击（图8-8），会弹出"安装向导"对话框，单击"下一步"按钮（图8-9）。

（2）弹出"许可协议"对话框，勾选"我同意此协议"，再单击"下一步"按钮（图8-10）。

（3）在弹出的"选择SketchUp位置"对话框中选择SketchUp Pro安装位置（图8-11），再单击"下一步"按钮。

（4）在弹出的"安装选项"对话框中可以选择安装选项，有3种模式可供选择（图8-12），再单击"下一步"按钮。

（5）在弹出的"准备安装"对话框中单击"安装"按钮即可开始安装（图8-13、图8-14），安装完成后会弹出"安装向导完成"对话框，单击"完成"按钮即可完成安装（图8-15）。

## 二、SUAPP插件的增强菜单

SUAPP插件的核心功能都整理分类在"插件"菜单中（图8-16），包括"轴网墙体""门窗构件""建筑设施""房间屋顶""文字标注"等10个分类，共100余项功能。

图8-8　安装图标

图8-9　"安装向导"对话框

图8-10　"许可协议"对话框

图8-11　选择SketchUp Pro安装位置

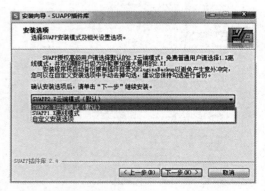

图8-12　可选3种模式

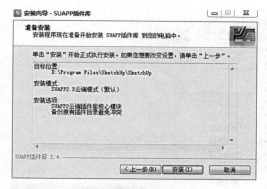

图8-13 "准备安装"对话框

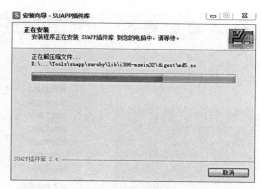

图8-14 "正在安装"对话框

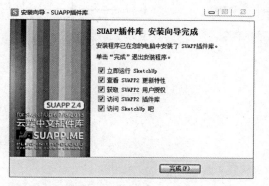

图8-15 完成安装

图8-16 "插件"菜单

## 三、SUAPP插件的基本工具栏

在SUAPP基本工具栏中将SUAPP插件的19项常用并具有代表性的功能通过图标工具栏的方式显示出来,包括"绘制墙体"工具、"拉线升墙"工具、"墙体开窗"工具、"玻璃幕墙"工具等,方便用户操作(图8-17)。

图8-17 SUAPP基本工具栏

---

### - 补充要点 -

#### SUAPP中文建筑插件集

SUAPP中文建筑插件集是基于SketchUP Pro软件平台的强大工具集,从用户的使用角度出发,构建的一个扩展完善的建筑建模环境。

SUAPP中文建筑插件版本完美支持SketchUp6、SketchUp7、SketchUp8、SketchUp2019全系列所有版本,无须联网,完全免费使用,使用功能多样,大幅度扩展了SketchUp的快速建模能力,方便的基本工具栏和优化的右键菜单使操作更加快捷,并且可以通过扩展栏的设置方便启用和关闭。

Premiere可以提升视频动画的创作能力与自由度,它是易学、高效、精确的视频剪辑软件。Premiere提供了采集、剪辑、调色、美化音频、字幕添加、输出、DVD刻录一整套流程,并与Adobe其他软件高效集成,能完成各种动画编辑、制作任务。"推/拉"工具运用频繁,能变化出无穷无尽的造型,特别适合效果图中的细部构造制作。

特别注意,推/拉的距离应当输入确切的数据,不宜随意拉伸长度,否则会造成形态不均衡的情况。此外,还要注意使用"推/拉"工具的过程中,一切造型都应根据预先设计的要求来制作,不宜即兴发挥。

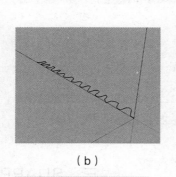

（a）

（b）

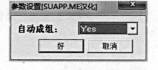

图8-18　插件右键菜单

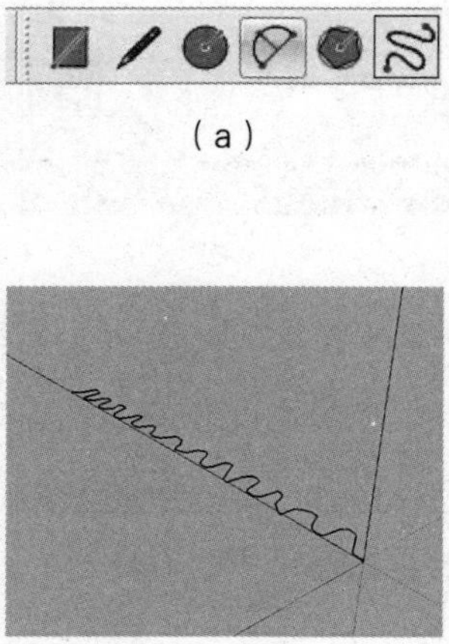

图8-19　画出窗帘的线条

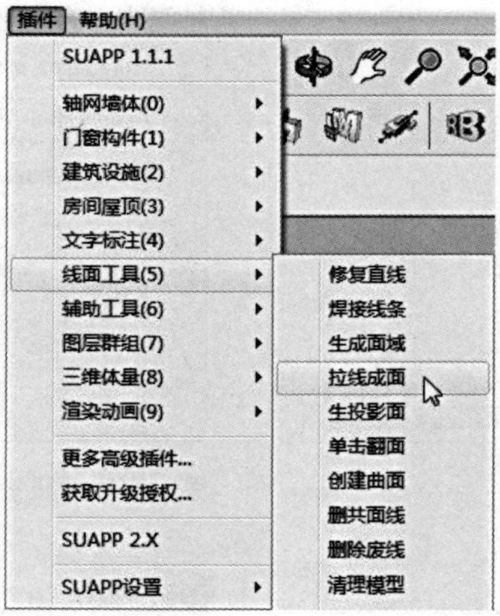

图8-20　"拉线成面"命令

图8-21　参数设置对话框

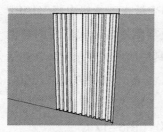

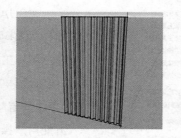

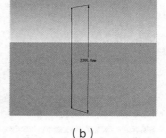

（a）

（b）

图8-22　窗帘模型主体创建完成

图8-23　为窗帘赋予材质

图8-24　绘制一条线

## 四、右键扩展菜单

SUAPP插件在右键菜单中也扩展了功能，方便用户操作（图8-18）。

## 五、制作窗帘

（1）使用"徒手画"工具画出窗帘的线条（图8-19）。

（2）将绘制的线条选中，在菜单栏单击"插件—线面工具—拉线成面"命令（图8-20），在线条上单击某一点并向上移动鼠标，此时输入高度3000并按回车键确定，在弹出的"参数设置"对话框中设置"自动成组"为Yes（图8-21）。

（3）此时，窗帘模型主体创建完成（图8-22），下面为窗帘赋予材质，效果如图8-23所示。

## 六、制作旋转楼梯

（1）使用"线条"工具在场景中绘制一条高3300mm的线，即楼梯的高度为3300mm（图8-24）。

（2）使用"圆"工具绘制两个半径分别为1000mm和3000mm的同心圆（图8-25）。

（3）以圆心为中心，绘制一条平行于红色坐标轴的直线（图8-26）。

（4）将直线选中，选取"旋转"工具，在圆心上单击将圆心定为轴心点，直线作为轴心线，按住Ctrl键移动鼠标将直线旋转复制，输入15，指定旋转角度为15°，按回车键完成旋转复制（图8-27）。

（5）将多余的线删除，保留台阶面，使用"推/拉"工具将台阶推拉出150mm的厚度，并设置为组（图8-28）。

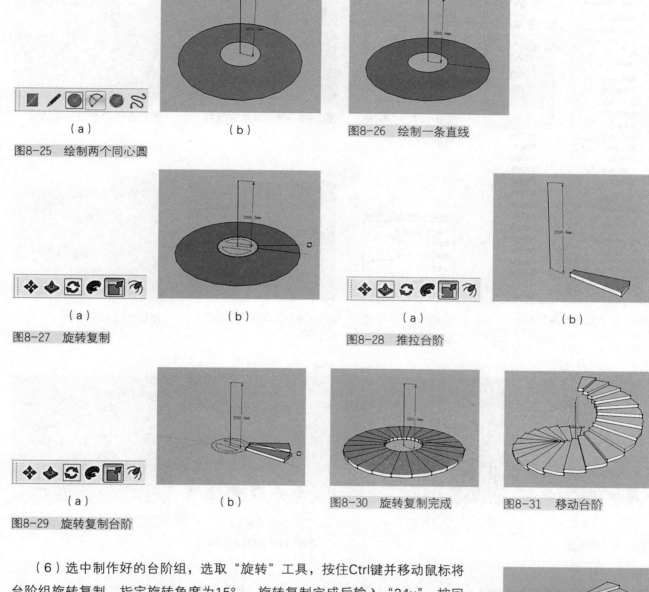

图8-25　绘制两个同心圆

（a）　　　　　　　　（b）

图8-26　绘制一条直线

（a）　　　　　　　　（b）

图8-27　旋转复制

图8-28　推拉台阶

（a）　　　　　　　　（b）

（a）　　　　　　　　（b）

图8-29　旋转复制台阶

图8-30　旋转复制完成

图8-31　移动台阶

（6）选中制作好的台阶组，选取"旋转"工具，按住Ctrl键并移动鼠标将台阶组旋转复制，指定旋转角度为15°，旋转复制完成后输入"24x"，按回车键确定，可完成台阶的复制（图8-29、图8-30）。

（7）将楼梯的台阶依次向上移动到相应位置，效果如图8-31所示。

（8）移动后，会发现24级台阶的高度是3600mm，比实际需要多出2个台阶，将多出的台阶删除（图8-32）。

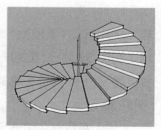

图8-32　删除台阶

（9）在菜单栏单击"插件—线面工具—绘螺旋线"命令（图8-33），在弹出的"参数设置"对话框中设置"末端半径"和"起始半径"为1000，"偏移距离"为3600，"总圈数"为1，"每圆弧线段数"为24（图8-34），设置完成后单击"好"，即可画出楼梯内侧的扶手螺旋线（图8-35）。

（10）将楼梯内侧的扶手螺旋线移到合适位置（图8-36）。

（11）再次在菜单栏单击"插件线面工具绘螺旋线"命令，在弹出的"参数设置"对话框中设置"末端半径"和"起始半径"为3000，"偏移距

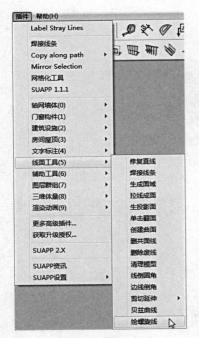

图8-33 "绘螺旋线"命令

图8-34 "参数设置"对话框

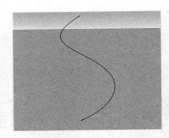

图8-35 画出扶手螺旋线

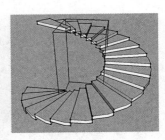

图8-36 移动扶手螺旋线

图8-37 "参数设置"对话框

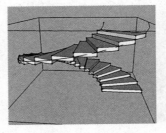

图8-38 移动扶手螺旋线

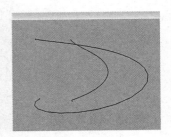

图8-39 隐藏台阶

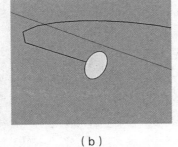

（a）　　　　　　　（b）

图8-40 绘制圆

（a）　　　　　　（b）

图8-41 放样外侧扶手

离"为3600，"总圈数"为1，"每圆弧线段数"为24（图8-37），设置完成后单击"好"按钮，即可画出楼梯外侧的扶手螺旋线，将其移到合适位置（图8-38）。

（12）将所有台阶进行隐藏，只显示两条螺旋线（图8-39）。

（13）在外侧的扶手螺旋线上双击进入组内进行编辑，使用"圆"工具以螺旋线的端点为圆心，绘制一个半径为50mm的圆（图8-40），将螺旋线选中，单击"路径跟随"工具，再在圆上单击，即可将圆形沿螺旋线进行放样，制作楼梯外侧扶手（图8-41）。

（14）使用同样的方法可制作楼梯内侧的扶手（图8-42）。

（15）将制作好的扶手选中，单击鼠标右键，在弹出的菜单中选择"软化/平滑边线"命令（图8-43），在弹出的"柔化边线"对话框中可调节法线之间的角度，使扶手变得更加光滑（图8-44）。

（16）使用"移动"工具将扶手垂直向上移动复制1000mm的高度（图8-45）。

（17）再使用"圆"工具、"推/拉"工具和"移动"工具制作楼梯的栏杆（图8-46）。

（18）最后为制作好的模型赋予材质，效果如图8-47所示。

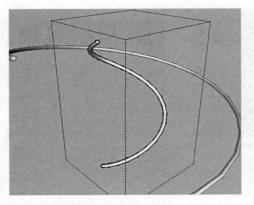

图8-42 制作楼梯内侧扶手

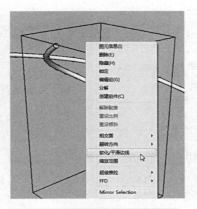

图8-43 "软化/平滑边线"命令

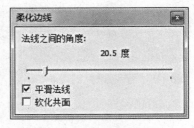

图8-44 "柔化边线"对话框

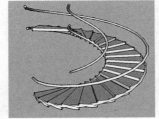

（a）　　　　　　　（b）

图8-45 垂直移动复制扶手

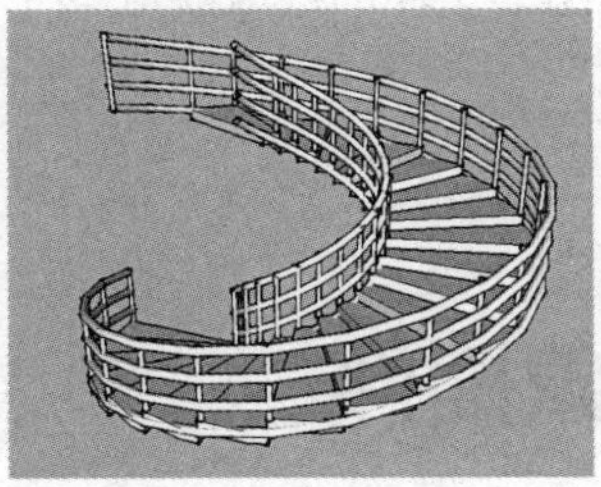

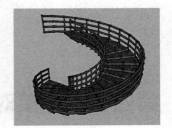

图8-46 制作楼梯栏杆

图8-47 赋予材质

---

**- 补充要点 -**

**SketchUp Pro插件**

　　SketchUp Pro是三维软件中的后起之秀，虽然其自身的功能较单一，但插件特别丰富，这些插件都是基于成熟的3ds max发展而来的，具体的操作方法、参数特征与3ds max非常相似。

　　如果操作者在此之前熟悉3ds max的操作方法，那么接触这类插件就很轻松了。这里需特别指出的是，如果希望预先在3ds max中将模型制作好，再导入SketchUp Pro中进行修改，是不能直接用相关插件继续修改的，因为导入的是模型，而不是3ds max的制作方法与制作过程。

---

# 第三节　标注线头插件

　　使用标注线头插件能够快速将未封闭的线头标注出来，在进行封面操作时很有用。标注线头插件只包含一个名为"stray_lines.rb"的文件，将其复制到 SketchUp Pro安装路径下的"Plugins"文件夹中即可。

　　（1）在菜单栏单击"文件—导入"命令将素材中的"第八章—3标注线头插件"文件导入（图8-48）。

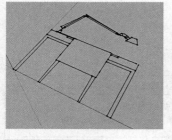

图8-48 导入素材

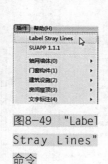

图8-49 "Label
Stray Lines"
命令

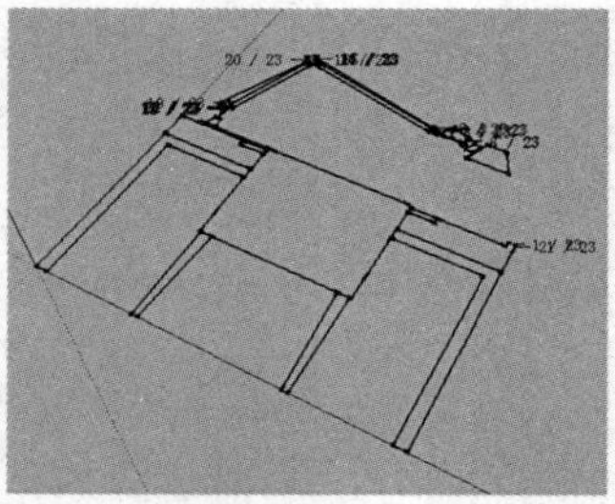

图8-50 缺口标注

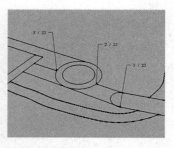

图8-51 封面

（2）在菜单栏单击"插件—Label Stray Lines"命令（图8-49），导入的CAD图形文件的线段缺口就会被标注出来（图8-50），可以有针对性地进行封面操作（图8-51）。

# 第四节 焊接对象插件

从其他软件导入SketchUp Pro中的图形很容易出现碎线，在SketchUp Pro中建模时，也经常会把制作好的曲线或模型边线变成分离的多个线段，这些碎线难以编辑和选择，使用焊接对象插件就可以解决这个问题。

焊接对象插件安装完成后，"焊接线条"命令会出现在插件菜单中（图8-52），使用时先将需要焊接的线条选中（图8-53），在菜单栏单击"插件焊接线条"命令，会弹出询问是否闭合线条和是否生成面域的对话框（图8-54、图8-55），按需要进行选择，焊接完成后线条会合并为一条完整的多段线（图8-56）。

图8-52 "焊接线条"
命令

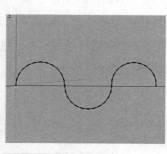

图8-53 选中线条

图8-55 "是否生成面域"
对话框

图8-54 "是否闭合线条"
对话框

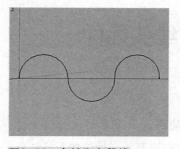

图8-56 合并为多段线

# 第五节　沿路径复制插件

　　当物体阵列的路径不是直线或弧线，而是复杂的路径时，可以使用沿路径复制插件来完成操作，沿路径复制插件只对组和组件进行操作。

　　沿路径复制插件安装好后，在"插件"菜单的"Copy along path"（沿路径复制）命令下会有两个子命令，分别为"Copy to path nodes"（沿节点复制）命令和"Copy to spacing"（按间距复制）命令（图8-57）。使用"Copy to path nodes"（沿节点复制）命令，对象可以在路径线上的每个节点处复制一个对象，使用"Copy to spacing"（按间距复制）命令，需要在数值输入区输入复制对象的间距。

　　使用沿路径复制插件时需要先将路径线选中（图8-58），在菜单栏单击"插件—Copy along path—Copy to path nodes"命令（图 8-59），再在需要复制的对象上单击鼠标，即可将物体沿路径的节点进行复制（图8-60）。

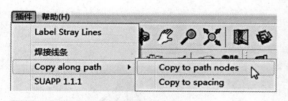

图8-57　"Copy along path"命令

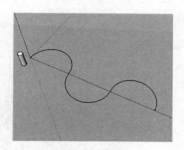

图8-58　选中路径线

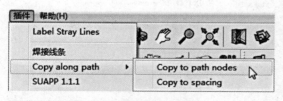

图8-59　"Copy to path nodes"命令

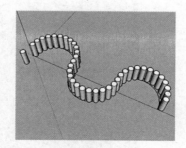

图8-60　沿路径节点复制

# 第六节　曲面建模插件

使用曲面建模插件能够快速获得曲面，曲面建模插件安装完成后，在SketchUp Pro的界面中能够打开"Soap Bubble"（肥皂泡）工具栏（图8-61）。

## 一、Skin（生成网格）工具

在场景中绘制好封闭的曲线后将其选择，单击该按钮可生成曲面或网格平面，此时可输入数值指定网格的密度，数值为1～30，输入后按回车键可观察到网格的计算和产生过程。

（1）选择绘制好的封闭曲线（图8-62）。

（2）单击"Skin"（生成网格）工具，输入细分值为20，会生出细分的网格（图8-63）。

（3）此时按回车键确定，即可生成曲面物体，计算过程和时间会显示在左上角（图8-64）。

## 二、X/Y（X/Y比率）工具

"Skin"命令结束后可产生一个曲面群组。将曲面群组选择并单击此工具，输入X/Y比率，数值为0.01～100，输入后按回车键确定，即可调整曲面中间偏移的效果。

## 三、Bub（起泡）工具

将曲面群组选择并单击此工具，输入数值指定压力，该值可正也可负，输入后按回车键确定，可使曲面整体向内或向外偏移产生曲面效果，压力值分别为100（图8-65）和200（图8-66）时的效果。

图8-61　"Soap Bubble"工具栏

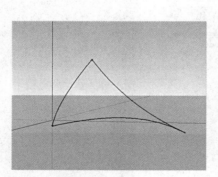

图8-62　选择封闭曲线

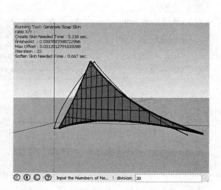

图8-63　生出细分的网格

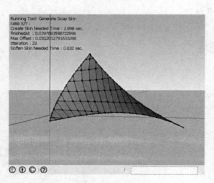

图8-64　生成曲面物体

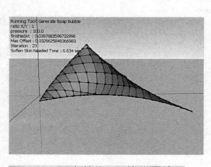

图8-65　压力值为100的曲面效果

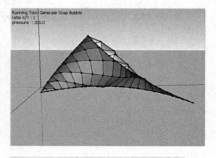

图8-66　压力值为200的曲面效果

### 四、播放/停止工具

在生成曲面的过程中单击"停止"按钮可停止计算，单击"播放"按钮可继续操作。

### 五、帮助工具

点击"帮助"工具能了解该插件工具的基本特征与版本信息。

# 第七节　超级推拉插件

超级推拉插件是比"推/拉"工具强大很多的插件，可与3ds max的"表面挤压"工具媲美，"超级推拉"工具栏有5个工具，分别为"联合推拉""矢量推拉""垂直推拉""撤销，返回之前的选择""重做当前选择"（图8-67）。

得到一个曲面。将需要推拉的面选中（图8-68），选取该工具，将光标移至面上单击鼠标并移动，此时会以线框形式显示推拉结果（图8-69），移动鼠标至合适的位置或输入推拉距离，双击鼠标左键可完成推拉（图8-70）。

### 一、联合推拉工具

该工具是最有特色的工具之一，不仅可以对多个面进行推拉，还可以对曲面进行推拉，推拉后依然能

### 二、矢量推拉工具

使用该工具可将表面沿任意方向推拉，使用方法与"联合推拉"工具相同（图8-71～图8-73）。

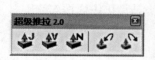

图8-67　"超级推拉"工具栏

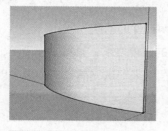

图8-68　选中面（"联合推拉"工具）

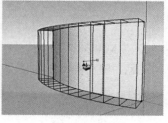

（a）　　　　　　　　（b）

图8-69　显示推拉结果（"联合推拉"工具）

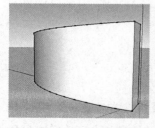

图8-70　完成推拉（"联合推拉"工具）

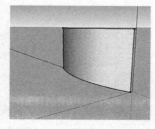

图8-71　选中面（"矢量推拉"工具）

（a）　　　　　　　　（b）

图8-72　显示推拉结果（"矢量推拉"工具）

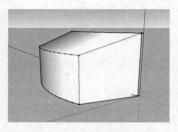

图8-73 完成推拉（"矢量推
拉"工具）

## 三、垂直推拉工具

使用该工具可将所选表面沿各自的法线方向进行推拉，使用方法与"联合推拉"工具相同（图8-74～图8-76）。

## 四、撤销，返回之前的选择工具

单击该按钮可取消前一次的推拉操作，保持推拉前选择的表面。

## 五、重做当前选择工具

单击该按钮可重复上一次的推拉操作，可选择新的平面应用上一次推拉。

（a）

（b）

图8-74 选中面（"垂直推拉"工具）

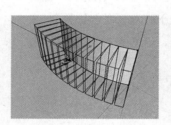

图8-75 显示推拉结果（"垂直推拉"工具）

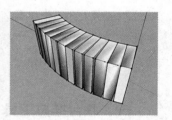

图8-76 完成推拉（"垂直推拉"工具）

---

**- 补充要点 -**

### SketchUp Pro插件的缺陷

SketchUp Pro中的大多数插件仅能满足某一方面的建模要求，虽然操作简单，但却弥补了原有软件的不足。但在模型制作操作中，不能完全寄希望于某种插件来塑造完美效果，更多创意造型仍需要按部就班执行，仍需对模型进行多次塑造，以丰富模型的形体。

---

# 第八节 自由变形插件

自由变形插件也称为SketchyFFD插件，与3ds max中的FFD修改器作用相同，是曲面建模必不可少的工具，主要用于对所选对象进行自由变形。

自由变形插件安装完成后，在选择一个组对象时，单击鼠标右键在弹出的快捷菜单中可执行该命令（图8-77）。

可以对群组添加"2×2 FFD""3×3 FFD"和"N×N FFD"控制器,如图8-78所示是添加"2×2 FFD"控制器的效果,如图8-79所示是添加"3×3 FFD"控制器的效果,当添加"N×N FFD"控制器时,会弹出一个对话框,在此需要设置控制点的数目(图8-80),设置完成后单击"好"按钮,如图8-81所示为添加"5×5 FFD"控制器的效果。生成的控制点会自动成为一个单独的组,控制点数目越多,对模型的控制力越强,操作越难。

添加控制器后,双击控制点,进入控制点的组内,使用框选的方式选中需要调整的控制点,再使用"移动"工具对控制点进行移动(图8-82),模型会随之发生变化(图8-83)。

双击进入模型的组内,将需要锁定的边选中,单击鼠标右键,选择"FFD—Lock edges"(锁定边)命令(图8-84),进入控制点的组内,使用框选的方式选中需要调整的控制点,再使用"移动"工具对控制点进行移动(图8-85),被锁定的边将不会受到影响(图8-86)。

图8-77 "FFD"命令

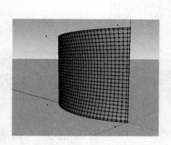

图8-78 添加"2×2FFD"控制器效果

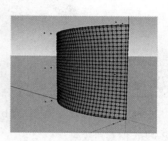

图8-79 添加"3×3FFD"控制器效果

图8-80 添加"5×5FFD"控制器

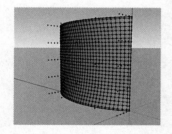

图8-81 添加"5×5FFD"控制器效果

(a)

图8-82 移动控制点

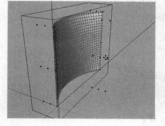

(b)

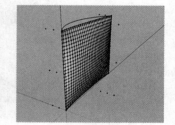

图8-83 模型变化

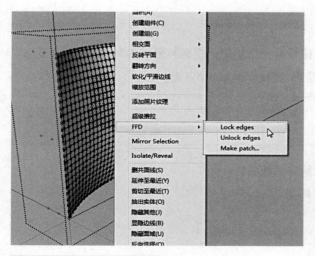

图8-84 "Lock edges"命令

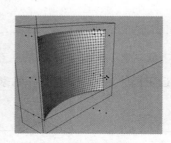

图8-85 移动控制点

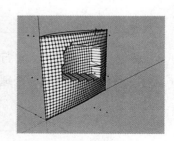

图8-86 移动结果

## 第九节　倒圆角插件

倒圆角插件非常实用，解决了SketchUp Pro无法直接倒圆角的问题，倒圆角工具栏包含3个工具（图8-87），分别为"倒圆角""倒尖角""倒斜角"。将需要倒角的物体选中，单击"倒角"按钮，输入距离，按回车键确定即可完成倒角操作。

如图8-88~图8-90所示分别为对同一个长方体进行倒圆角、倒尖角和倒斜角后的效果。

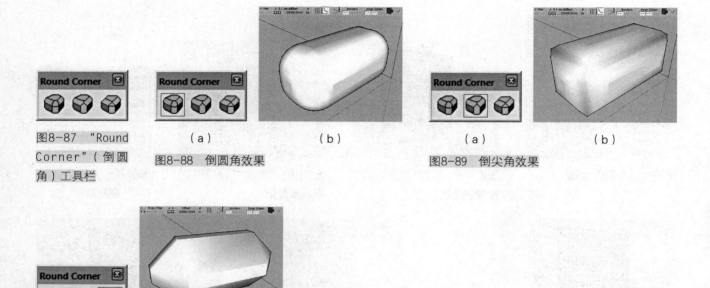

图8-87　"Round Corner"（倒圆角）工具栏

（a）　　　　（b）

图8-88　倒圆角效果

（a）　　　　（b）

图8-89　倒尖角效果

（a）　　　　（b）

图8-90　倒斜角效果

---

**本章小结**

使用插件能大幅度提升SketchUp Pro的工作效率，拓展其使用功能，提高其模型的制作品质。下载、安装插件时应注意插件的版本，仔细阅读安装说明，看是否与SketchUp Pro匹配。

**课后练习**

1. 自行上网下载一套插件并熟悉、了解其功能特性。
2. 合理运用插件并制作一件复杂的家具。

# 第九章
# 文件的导入与导出

PPT 课件

素材

教学视频

识读难度：★ ★ ★ ★ ☆
核心概念：AutoCAD、3ds max、
导入、导出

### ＜ 章节导读

  本章介绍SketchUp Pro文件的导入与导出方法，SketchUp Pro具有很强的交互性，能够与AutoCAD、3ds max等软件共享数据成果，可以弥补SketchUp Pro在精确建模上的不足。

# 第一节　AutoCAD文件的导入与导出

  AutoCAD（Auto Computer Aided Design）是由美国欧特克公司开发的自动计算机辅助设计软件，现已成为全世界广为流行的绘图工具。SketchUp Pro作为一款方案推敲软件，粗略抽象的概念设计和精确的图纸同样重要，所以SketchUp Pro一直支持与AutoCAD文件的相互导入与导出。

## 一、导入文件

  （1）在菜单栏单击"文件—导入"命令（图9-1），弹出"打开"对话框，在对话框中设置"文件类型"为"AutoCAD文件（*.dwg.*.dxf）"，并且选择素材中的"第九章—1导入DWG/DXF格式文件"文件（图9-2）。

  （2）单击对话框右侧的"选项"按钮，会弹出"导入AutoCAD DWG/DXF 选项"对话框（图9-3），将"合并共同平面"与"平面方向一致"选项勾选，在对话框中选择一个导入的单位，单击"好"按钮

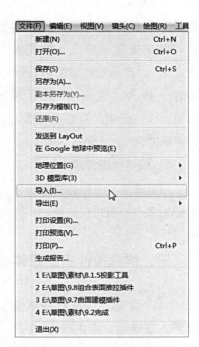

图9-1　"文件—导入"命令

关闭对话框。

（3）设置完成后单击"打开"按钮即可将文件导入，导入的过程中需要大量的运算，会显示导入进度（图9-4），导入完成后，会显示导入结果（图9-5），此时AutoCAD文件已导入场景中（图9-6）。

## 二、导入选项

"导入AutoCAD DWG/DXF选项"对话框中共有4个选项。

### 1. 合并共同平面

有时导入的CAD文件有大量的多余直线，勾选该选项，可以自动将多余的直线删除。

### 2. 平面方向一致

勾选该选项可以统一面的法线，能够避免正反面不统一的情况。

### 3. 单位

在AutoCAD绘制图形时，会根据不同的内容设置不同的单位，绘制规划图单位一般设置为"米"，产品设计或室内设计单位一般为"毫米"。在导入SketchUp Pro中时需要将两款软件的单位统一，才能够正确导入。

### 4. 保持绘图原点

勾选该选项可以保持图形与坐标轴原点的相对应位置。

## 三、快速拉伸多面墙体

（1）之前已经将户型平面图导入场景中（图9-7），在户型平面图上双击鼠标进入组内，

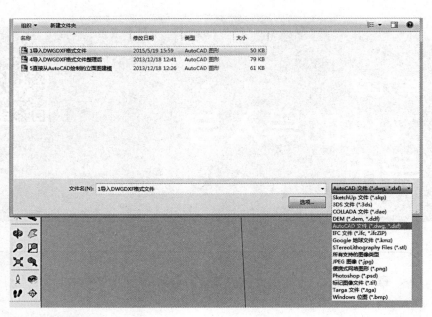

图9-2　选择素材

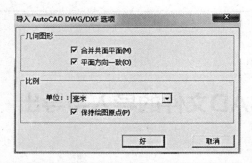

图9-3　"导入AutoCAD DWG/DXF 选项"对话框

图9-4　导入进度

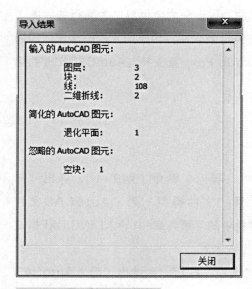

图9-5　"导入结果"对话框

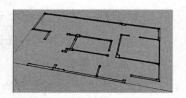

图9-6　文件导入场景

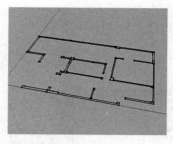

图9-7 导入平面图

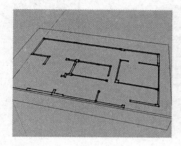

图9-8 全选图形

图9-9 "生成面域"命令

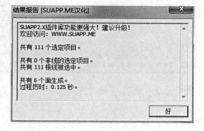

图9-10 "结果报告"对话框

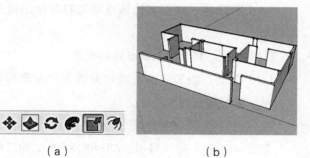

（a） （b）

图9-11 推拉形成墙体

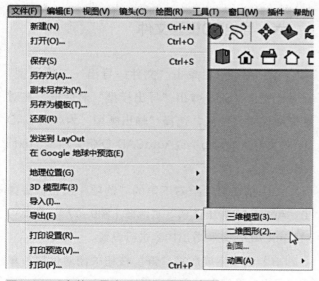

图9-12 "文件—导出—二维图形"命令

将导入的CAD图形全选（图9-8）。

（2）在菜单栏单击"插件—线面工具—生成面域"命令（图9-9），会弹出"结果报告"对话框（图9-10），单击"好"按钮墙体即可自动封面。

（3）再使用"推/拉"工具将面向上推拉即可形成墙体（图9-11）。

## 四、导出DWG/DXF格式

SketchUp Pro可以将模型导出为多种格式的二维矢量图，导出的二维矢量图能够在CAD或矢量软件中导入和编辑，但贴图、阴影和透明度的特性无法导出到二维矢量图中。

（1）先将视图的视角调整好（SketchUp Pro会将当前视图导出），在菜单栏单击"文件—导出—二维图形"命令（图9-12），弹出"导出二维图形"对话框，在对话框中设置文件名，选择"输出类型"为AutoCAD DWG File（*.dwg）或AutoCAD DXF File（*.dxf）（图9-13）。

（2）单击对话框右下角的"选项"按钮，会弹出"DWG/ DXF隐藏线选项"对话框（图9-14），设置完成后单击"好"按钮关闭对话框，单击"导出"按钮即可导出二维矢量图文件。

图9-13 选择"输出类型"

图9-14 "DWG/DXF隐藏线选项"对话框

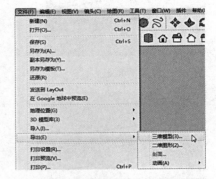

图9-15 "文件—导出—三维模型"命令

## 五、DWG/DXF隐藏线选项

"DWG/DXF隐藏线选项"对话框包含"图纸比例与大小""AutoCAD版本"等5个选项组。

### 1. 图纸比例与大小选项组

（1）实际尺寸。将该项勾选可按真实尺寸1：1导出。

（2）在图纸中/在模型中。"在图纸中"和"在模型中"的比例就是导出时的缩放比例。

（3）宽度/高度。指定导出图形的宽度和高度。

### 2. AutoCAD版本选项组

在此选择导出的AutoCAD版本，一般选择低版本。

### 3. 轮廓线选项组

（1）无。如勾选该选项，导出时可忽略屏幕显示效果导出正常的线条，如不勾选，轮廓线会导出为较粗的线。

（2）有宽度的折线。如勾选该选项，导出的轮廓线为多段线实体。

（3）宽线图元。如勾选该选项，导出的轮廓线为粗线实体。

（4）在图层上分离。如勾选该选项，可导出专门的轮廓线图层，便于在其他程序中设置和修改。

### 4. 截面线选项组

该选项组与"轮廓线"选项组相似。

### 5. 延长线选项组

（1）显示延长线。勾选该选项可将显示的延长线导出。

（2）长度。用于设置延长线的长度。

（3）自动。如勾选该选项可分析用户设置的导出尺寸，匹配延长线的长度。

### 6. 始终提示隐藏线选项

勾选该选项，每次导出DWG和DXF格式的二维矢量图文件时都会打开该对话框。

### 7. 默认值按钮

单击该按钮可恢复系统默认值。

## 六、导出3D模型文件

（1）在菜单栏单击"文件—导出—三维模型"命令（图9-15），弹出"导出模型"对话框，在对话框中设置文件名，选择"输出类型"为AutoCAD DWG文件（*.dwg）或AutoCAD DXF文件（*.dxf）（图9-16）。

（2）单击对话框右下角的"选项"按钮，会弹出"AutoCAD导出选项"对话框（图9-17），在此可对AutoCAD版本和导出内容进行设置。

（3）设置完成后按"好"按钮关闭对话框，单击"导出"按钮即可完成导出。

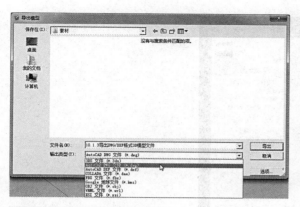

图9-16　选择"输出类型"

图9-17　"AutoCAD导出选项"对话框

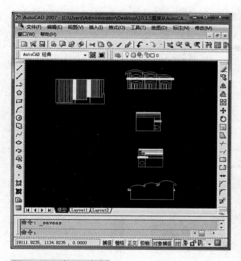

图9-18　打开素材

图9-19　"清理"对话框

图9-20　"确认清理"对话框

## 七、AutoCAD绘制的立面图建模

（1）建立模型之前需要对CAD图纸进行整理，将图纸尽量简化，提高SketchUp Pro的绘图效率。将素材中的"第九章—5直接从AutoCAD绘制的立面图建模"文件打开（图9-18），该图纸已经过初步整理。

（2）在AutoCAD中输入"pu"命令并按下空格键，可弹出"清理"对话框，将对话框中的"确认要清理的每个项目"和"清理嵌套项目"勾选，单击"全部清理"按钮（图9-19）。

（3）在弹出的"确认清理"对话框中单击"全部是"按钮（图9-20）。

（4）清理多余图层和块后，"清理"和"全部清理"按钮将变成不可选择的灰色（图9-21）。

（5）将平面图选中，单击"绘图"工具栏中的"创建块"按钮，在弹出的"块定义"对话框中设置名称，设置完成后单击"确定"按钮，同样的将其他4个视图也创建为块（图9-22）。

（6）单击"图层"工具栏"图层特性管理器"按钮，打开"图层特性管理器"对话框（图9-23），单击"新建图层"按钮新建5个图层，分别以5个视图命名，并修改图层颜色（图9-24）。

（7）将各图块移至对应图层中（图9-25），此时CAD文件整理完成，将其另存。

（8）打开SketchUp Pro，在菜单栏单击"文件—导入"命令，在弹出的"打开"对话框中选择之前整理的CAD文件（图9-26），单击对话框右侧的"选项"按钮，打开"导入AutoCAD DWG/DXF选

图9-21 清理后

图9-22 "块定义"对话框

图9-23 "图层特性管理器"对话框

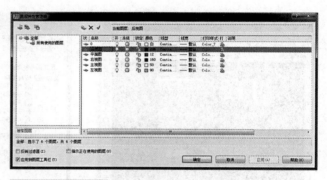

图9-24 新建图层

图9-25 文件整理完成

图9-26 选择CAD文件

图9-27 "导入AutoCAD DWG/DXF 选项"对话框

项"对话框,将对话框中的单位设置为"毫米"(图 9-27)。

(9)设置完成后单击"关闭"按钮,单击"打开"按钮即可将CAD文件导入(图9-28、图9-29)。

(10)线条太粗会导致操作困难,在菜单栏单击"窗口—样式"命令,打开"样式"对话框,在"编辑"选项卡的边线设置中将"延长""端点"等取消勾选,只保留"显示边线"的勾选(图9-30),效果

如图9-31所示。

(11)使用"移动"工具将主视图移到合适位置,再使用"旋转"工具使其垂直于平面图(图 9-32、图9-33)。

(12)同样使用"移动"工具将后视图移到合适位置,可以发现后视图方向反了(图9-34),将后视图选中,单击鼠标右键,选择"翻转方向—组件的红色"命令(图9-35),此时已将其翻转过来(图

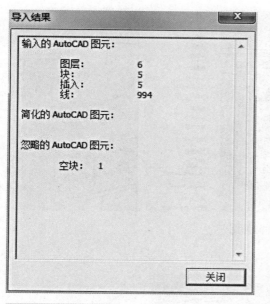

图9-28 关闭对话框

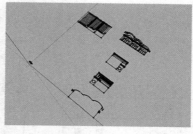

图9-29 导入CAD文件

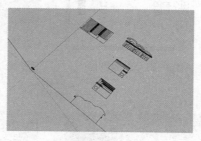

图9-31 显示边线效果

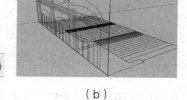

图9-30 "样式"对话框

（a）

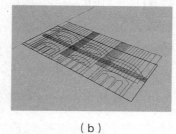

（b）

图9-32 移动位置

（a）

（b）

图9-33 旋转垂直

（a）

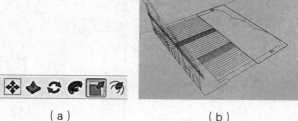

（b）

图9-34 移动位置

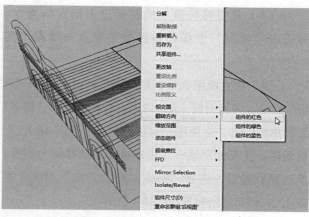

图9-35 "翻转方向—组件的红色"命令

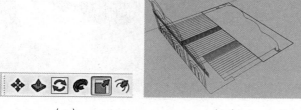

（a）

（b）

图9-36 旋转位置

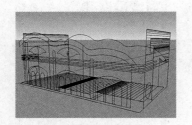

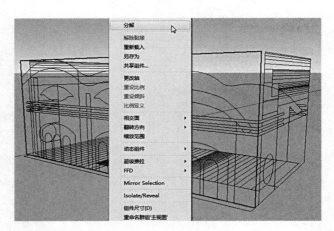

图9-37 将视图移到相应位置　　图9-38 隐藏图层　　图9-39 分解组

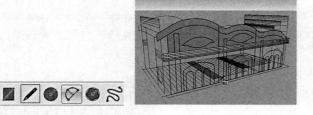

（a）　　　　　　　　（b）

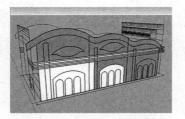

图9-41 正反面不统一

图9-40 封闭面

9-36），再使用"旋转"工具使其垂直于平面图。

（13）同样的方法将其他两个视图也移到相应位置，并使之垂直于平面图（图9-37）。

（14）若觉得场景中的图元过多而影响操作，可通过"图层"面板控制图层的显示与隐藏（图9-38）。

（15）将主视图选中，单击鼠标右键，选择"分解"命令，将组分解（图9-39）。分解后使用"线条"工具描绘CAD正立面图，可将面封闭（图9-40），面封闭后，正反面不统一（图9-41），选择一个正面，单击鼠标右键，选择"确定平面的方向"命令（图9-42），即可将所有反面翻转（图9-43）。

图9-42 "确定平面的方向"命令

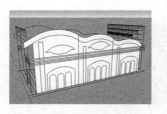

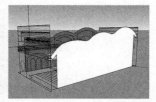

图9-43 将所有反面翻转　　图9-44 将后视图的面封闭

- 补充要点 -

**CAD文件导入SketchUp Pro**

　　将CAD文件导入SketchUp Pro中，能获得精确的轮廓，将图形轮廓导入后应及时封闭成面域，再经过移动、推/拉、旋转操作即可得到三维模型，这种方式简单、快捷，其中推/拉操作特别重要，应根据模型特征精确输入推/拉数据。这种方法特别适合效果图模型的创建。

　　（16）同样的方法将后视图的面封闭（图9-44）。

　　（17）使用"推/拉"工具将屋顶推出（图9-45），根据右视图再将屋顶推拉到合适位置（图9-46、图9-47）。

　　（18）使用"推/拉"工具将墙面向后推到合适位置（图9-48），再将墙上的椭圆窗向后推到合适位置（图9-49）。

　　（19）继续使用"推/拉"工具将下面的墙推到合适位置（图9-50），推拉后，在其他面上双击即可推拉相同的距离（图9-51），完成效果如图 9-52所示。

　　（20）再将墙上的门洞向后推拉（图9-53、图9-54），完成效果如图9-55所示。

　　（21）将模型的两侧也进行封面（图9-56），将左视图中的圆选中（图9-57），使用"移动"工具将圆移动复制到墙体上（图9-58），使其成为单独的

（a）　　　　　　　　（b）

图9-45　推拉出屋顶

图9-46　将屋顶推拉到合适位置

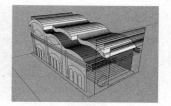

图9-47　推拉完成

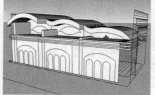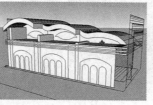

（a）　　　　　　　　（b）

图9-48　将墙面向后推

图9-49　将椭圆窗向后推

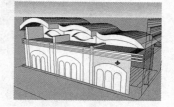

图9-50　将下面的墙推到合适位置

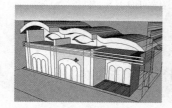

图9-51　推拉相同的距离

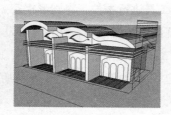

图9-52　墙推拉完成

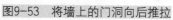

（a）　　　　　　　　（b）

图9-53　将墙上的门洞向后推拉

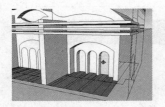

图9-54 继续将墙上的门洞向后推拉

图9-55 门洞推拉完成

（a）

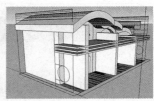

（b）

图9-56 模型两侧封面

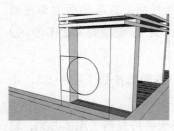

图9-57 选中圆

（a）

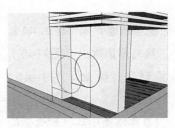

（b）

图9-58 将圆移动复制到墙体上

图9-59 将圆形挖空

（a）                （b）

（a）

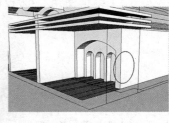

（b）

图9-60 选中圆

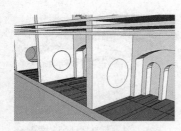

图9-61 将圆移动复制到墙体上

（a）

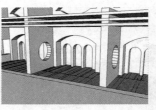

（b）

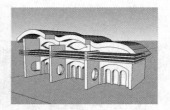

图9-63 仔细检查

图9-62 将圆形挖空

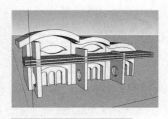

图9-64 删除多余的线

面，再使用"推/拉"工具进行推拉，将圆形挖空（图9-59）。

（22）同样将右视图中的圆选中，使用"移动"工具将圆移动复制到墙面上，再使用"推/拉"工具进行推拉，将圆形挖空（图9-60~图9-62）。

（23）此时模型已基本建好，仔细检查无误后将多余的线删除（图9-63、图9-64）。

（24）最后为模型赋予材质，效果如图9-65、图9-66所示。

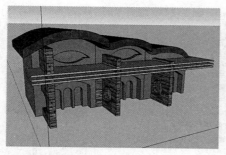

图9-65　赋予材质

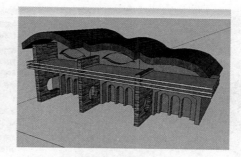

图9-66　赋予材质完成

**- 补充要点 -**

**模型制作细节**

　　完成后的模型应经过仔细检查，导入二维图形制作的模型，最容易忽视细节，一定要根据设计要求将细节构造补充完整，只是简要的轮廓无法反映真实的效果。

　　赋予材质时应注意模型的分配，独立的模型才能单独赋予一种材质。在模型创建时注意，如果希望在某个独立的模型上赋予两种以上的材质，就要将该模型分解。如果希望将制作好的模型再导出至3ds max中渲染，那么所用贴图最好全部为JPEG格式，这样通用性会更好。

# 第二节　3ds文件的导入与导出

　　3ds max和SketchUp Pro都可以导出为3DS、DWG等标准型格式，所以它们之间相互转换非常方便，3ds max和SketchUp Pro各有所长，将二者的优点结合，能更好地提高工作效率。

## 一、导出模型并输出到3ds max中

　　3ds max和SketchUp Pro对于模型的描述方式是不同的，SketchUp Pro对对象是以线和面进行定义的，而3ds max对对象是以可编辑的网格物体为基本操作单位的。

　　（1）打开素材中"第九章—6导出模型并输出到3ds max中"文件（图9-67）。

　　（2）在菜单栏单击"文件—导出—三维模型"命令（图9-68），会弹出"导出模型"对话框，在此设置文件名和导出路径，选择"输出类型"为3DS

图9-67　打开素材

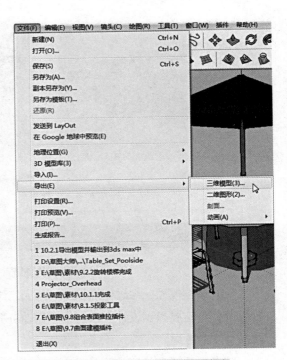

图9-68　"文件—导出—三维模型"命令

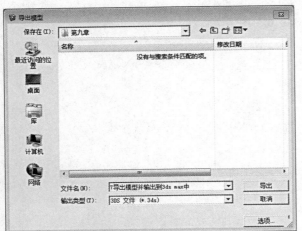

图9-69　选择"输出类型"

图9-70　"3DS导出选项"
对话框

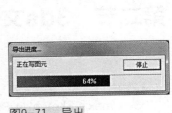

图9-71　导出

文件（*.3ds）（图9-69），单击对话框右下角的"选项"按钮，弹出"3DS导出选项"对话框。

（3）在"3DS导出选项"对话框中将"几何图形"中的"导出"列表设置为"完整层次结构"，在"比例"中将单位设置为"毫米"（图9-70）。

（4）设置完成后单击"好"按钮关闭对话框，单击"导出"按钮开始导出，此时会显示导出进度（图9-71），导出完成后会弹出"3DS导出结果"对话框（图9-72）。

## 二、3DS导出选项对话框

### 1. 几何图形选项组

在此设置导出的模式，包含4个不同的选项（图9-73）。

（1）完整层次结构。选择该项可以以SketchUp Pro的分组和分组件的层级关系导出。

（2）按图层。选择该项可以以图层关系导出。

（3）按材质。选择该项可以以材质贴图关系分

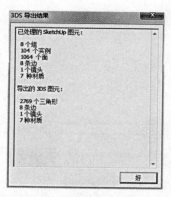 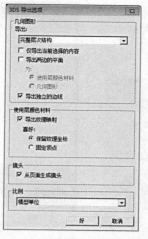 

图9-72 "3DS导出结果"对
话框

图9-73 "3DS导出选项"
对话框

图9-74 "自定义—
单位设置"命令

组导出。

（4）单个对象。选择该项可以将整个模型作为一个物体进行导出。

（5）仅导出当前选择的内容。选择该项可以只导出当前选择的物体。

（6）导出两边的平面。勾选该项可激活下面的"使用层颜色材料"和
"几何图形"选项，勾选"使用层颜色材料"可以开启双面标记，勾选"几何
图形"可将每个面分为正、反面分两次导出，导出的多边形数量增加一倍。

（7）导出独立的边线。勾选该项可将边线单独导出。

**2. 使用层颜色材料选项组**

（1）导出纹理映射。勾选该项可导出模型的材质贴图。

（2）保留纹理坐标。可保持材质贴图的坐标。

（3）固定顶点。可保持贴图坐标与平面视图对齐。

**3. 镜头选项组**

勾选从页面生成镜头，为当前视图及页面创建摄影机。

**4. 比例选项组**

设置导出模型的单位。

## 三、导入3ds模型文件

（1）打开3ds max软件，在菜单栏单击"自定义—单位设置"命令（图
9-74）。

（2）在"单位设置"对话框的"显示单位比例"中选择"公制"，设置单
位为"毫米"（图9-75），单击"系统单位设置"按钮，在弹出的"系统单位
设置"对话框中设置单位为"毫米"（图9-76）。

（3）设置完成后，在菜单栏单击"文件—导入"命令，弹出"选择要
导入的文件"对话框，将"文件类型"设置为"3D Studio网格（ *.3DS，
*.PRJ）"格式，选择之前导出的3DS模型（图9-77）。

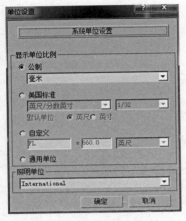

图9-75 "单位设置"对话框

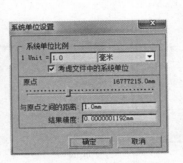

图9-76 "系统单位设置"对话框

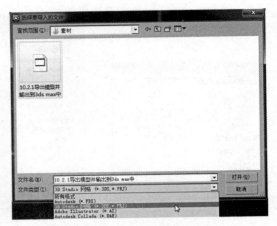

图9-77 "选择要导入的文件"对话框

（4）单击"打开"按钮，会弹出"3DS导入"对话框（图9-78），进行需要的选择，单击"确定"按钮即可将在SketchUp Pro中绘制的模型导入3ds max中（图9-79）。

## 四、3DS导入对话框

### 1. 合并对象到当前场景
选择该项会保留当前场景模型，将导入的模型添加进来。

### 2. 完全替换当前场景
选择该项会删除原有场景模型，只保留导入的模型。

### 3. 转换单位
选择该项后，如原3ds模型的单位与当前场景的单位不一致，将进行转换。

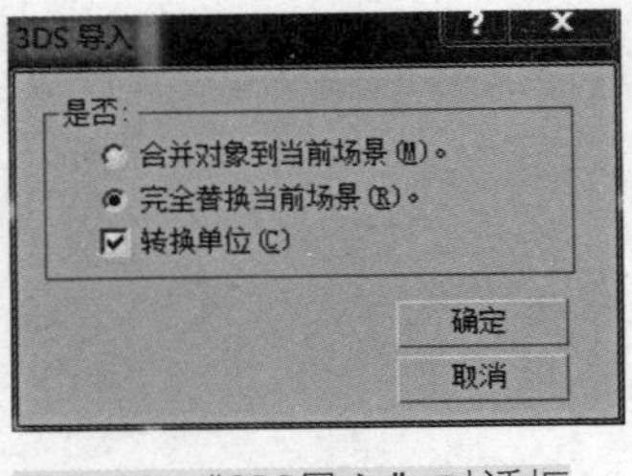

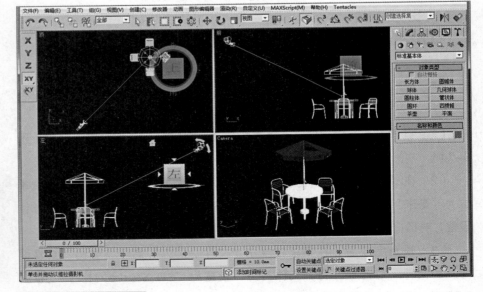

图9-78 "3DS导入"对话框

图9-79 导入3ds max中

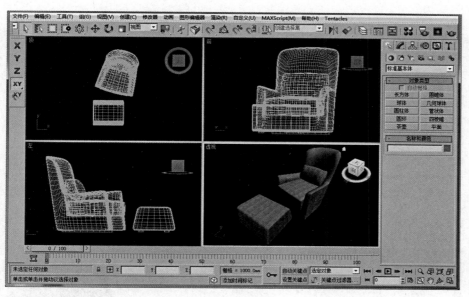

图9-80　打开素材

## 五、在3ds max中导出3ds文件

（1）打开素材中的"第九章—8在3ds max中导出3ds文件"（图9-80）。

（2）在菜单栏单击"自定义—单位设置"命令（图9-81），在"单位设置"对话框的"显示单位比例"中选择"公制"，设置单位为"毫米"（图9-82）。

（3）设置完成后，在菜单栏单击"文件—导出"按钮，在弹出的"选择要导出的文件"对话框中设置"保存类型"为"3D Studio（*.3DS）"，选择输出路径并设置文件名（图9-83）。

（4）设置完成后单击"保存"按钮，在弹出的

对话框中勾选"保持MAX的纹理坐标"（图9-84），即可将文件导出为3ds格式。

## 六、导入3ds格式文件

（1）打开SketchUp Pro，在菜单栏单击"文件—导入"命令，弹出"打开"对话框，设置"文件"类型为"3DS文件（*.3ds）"，选择之前导出的3DS模型（图9-85）。

（2）单击对话框右侧的"选项"按钮，在弹出的"3DS导入选项"对话框中勾选"合并共面平面"选项，设置单位为"毫米"（图9-86）。

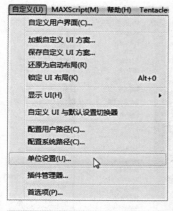

图9-81　"自定义—单位设置"命令

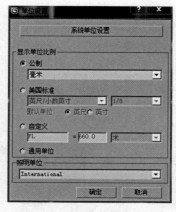

图9-82　"单位设置"对话框

图9-83　"选择要导出的文件"对话框

图9-84 勾选"保持MAX的纹理坐标"

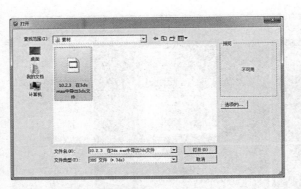

图9-85 选择3DS模型

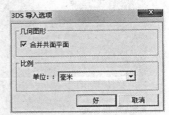

图9-86 "3DS导入选项"对话框

图9-87 导入

图9-88 "导入结果"对话框

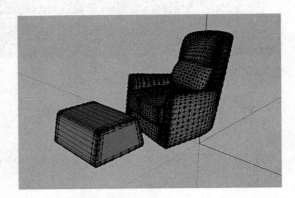

图9-89 放置导入的模型

（3）设置完成后单击"好"按钮关闭对话框，单击"打开"按钮开始导入，此时会显示导入进度（图9-87），导入完成后会弹出"导入结果"对话框（图9-88）。

（4）导入后，鼠标会变为移动工具的图样，将光标移至合适位置并单击即可放置导入的模型（图9-89）。

（5）在模型上双击进入组内部，将模型全选（图9-90），单击鼠标右键选择"软化/平滑边线"命令（图9-91），在弹出的"柔化边线"对话框中勾选"平滑法线"和"软化平面"，调整法线之间的角度（图9-92）。

（6）最后为模型赋予材质，完成3DS模型导入（图9-93）。

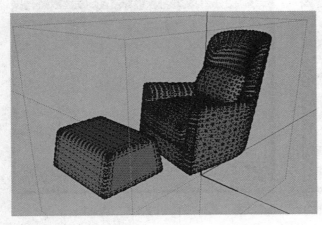

图9-90 全选模型

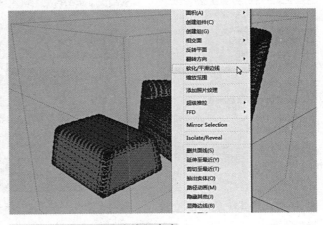

图9-91 "软化/平滑边线"命令

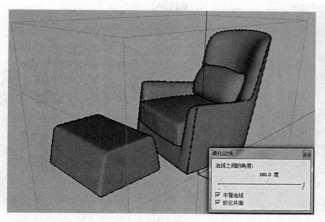

图9-92 "柔化边线"对话框

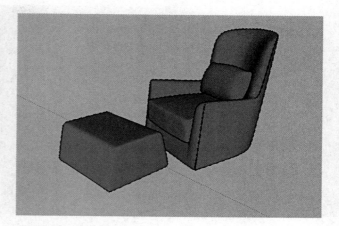

图9-93 赋予材质

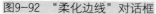

**本章小结**

　　SketchUp Pro建模完成后，导出准确的平面图、立面图和剖面图，方便之后的施工图制作。所导出的图形可以在AutoCAD、3ds max这两款软件中导入，进行进一步深入设计，还可以大胆尝试其他软件的交互使用方法。

课后练习

1. 对一件模型进行多元化导出、导入，练习在多种设计软件中开启、编辑。
2. 采用AutoCAD绘制平、立面图，导入SketchUp Pro中，创建实体模型。

# 第十章
# 家居空间设计
# 实例

PPT 课件　　　　素材　　　　教学视频

识读难度：★ ★ ★ ★ ☆
核心概念：家居、模型创建、调用、
　　　　　素材

---

### ≺ 章节导读

本章介绍一套家居客厅、餐厅的设计案例，严格根据步骤进行操作，能提高学习、工作效率。

---

## 第一节　案例基本内容

本案例是一个客餐厅空间，采用了较为现代的设计风格，暖色的壁纸、圆形的天花板吊顶、木地板营造了大方简洁、时尚温馨的空间氛围。SketchUp Pro模型效果如图10-1、图10-2所示。

创建模型的方式有很多种，可以将手绘的平面图纸扫描成数码图像后导入SketchUp Pro中创建模型，也可以在SketchUp Pro中直接推敲，本案例采用将绘制好的CAD图纸导入SketchUp Pro中创建模型的方法。

图10-1　客厅

图10-2　餐厅

# 第二节 创建空间模型

## 一、整理CAD平面图

在SketchUp Pro中制作模型之前，需要先对CAD图纸进行整理，使图纸尽量简化，简化的图纸可以提高建模的速度和准确性，室内设计中需要的参考线很少，主要以墙体和门窗为主。

（1）打开素材中的"第十章—CAD图纸—平面图"文件（图10-3）。

（2）在CAD的命令框中输入"layoff"，按回车键确定，在图框、标注、家具等需要关闭的图层对象上单击鼠标将图层关闭，效果如图10-4所示。

（3）检查图层，将多余的图形删除，在CAD的命令输入框中输入"pu"按回车键确定，会弹出"清理"对话框（图10-5），单击对话框中的"全部清理"按钮。

（4）在弹出的"确认清理"对话框中单击"全部是"按钮（图10-6），即可对场景中的图元信息进行清理。

（5）清理完成后，"清理"对话框中的"清理"和"全部清理"按钮会变为灰色（图10-7）。

（6）将所有显示的图形选中，在CAD的命令输入框中输入"w"按回车键确定，在弹出的"写块"对话框中设置文件路径和文件名，将图形创建为图块，将文件关闭（图10-8）。

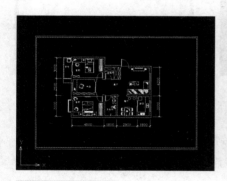

图10-3 打开素材

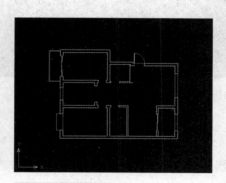

图10-4 关闭图层

图10-5 "清理"对话框

图10-6 "确认清理"对话框

图10-7 清理完成

图10-8 "写块"对话框

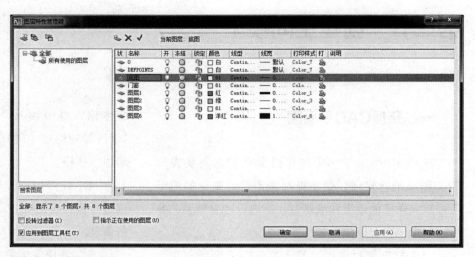

图10-9　新建图层

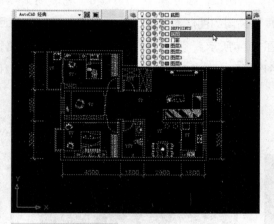

图10-10　炸开图形

图10-11　清理完成

（7）重新打开平面图，单击"图层特性管理器"按钮，在"图层特性管理器"对话框中新建一个图层并命名为"底图"（图10-9），将所有图形炸开并移到"底图"图层上（图10-10）。

（8）在CAD的命令输入框中输入"pu"将文件清理（图10-11），清理完成后将其另存。

## 二、优化SketchUp Pro的场景设置

（1）运行SketchUp Pro软件，在菜单栏单击"窗口—模型信息"命令（图10-12），在弹出的"模型信息"对话框中单击左侧的"单位"，在对话框中进行相应设置（图10-13）。

（2）在菜单栏单击"窗口—样式"命令（图10-14），在弹出的"样式"对话框的样式下拉列表中选择"预设样式"（图10-15）。

（3）选择"预设样式"中的"普通样式"，天空、地面、边线等将会自动

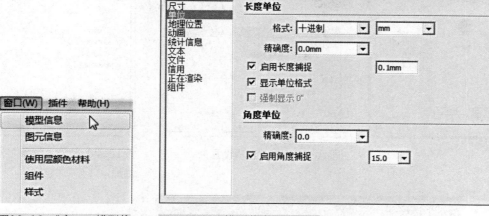

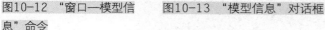

图10-12 "窗口—模型信息"命令　　图10-13 "模型信息"对话框　　　　　　图10-14 "窗口—样式"命令

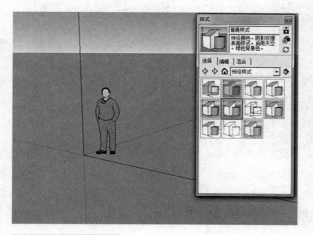

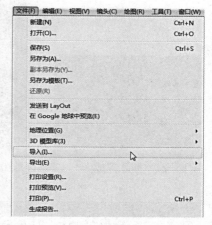

图10-15 "预设样式"选项　　图10-16 套用模板　　　　图10-17 "文件—导入"命令

套用"普通样式"模板（图10-16）。

## 三、将CAD图纸导入SketchUp Pro中

（1）在菜单栏单击"文件—导入"命令，在弹出的"打开"对话框中将"文件类型"设置为"AutoCAD文件（*.dwg,*.dxf）"，选择之前整理好的CAD平面图文件，素材中也提供了整理好的文件（图10-17、图10-18）。

（2）单击对话框右侧的"选项"按钮，在弹出的对话框中设置"单位"为"毫米"，将"合并共面平面"和"平面方向一致"选项全部勾选（图10-19），设置完成后单击"好"按钮关闭对话框，单击"打开"

按钮即可将CAD图纸导入SketchUp Pro中，导入完成后会弹出"导入结果"对话框（图10-20、图10-21）。

## 四、在SketchUp Pro中创建模型

### 1. 创建空间体块

（1）将导入的平面图选中，单击鼠标右键选择"分解"命令（图10-22）。

（2）在菜单栏单击"窗口—图层"命令（图10-23），会弹出"图层"管理器（图10-24），将"门窗"图层设为不可见（图10-25）。

（3）使用"线条"工具在墙体上描绘，将墙体封边，使用"擦除"工具将多余的线条删除，使

图10-18 打开文件

图10-19 导入选项设置

图10-20 "导入结果"对话框

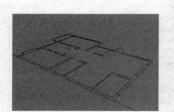

图10-21 导入完成

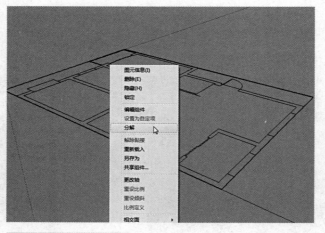

图10-22 "分解"命令

图10-23 "窗口—图层"命令

图10-24 "图层"管理器

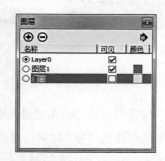

图10-25 "门窗"图层设为不可见

用"推/拉"工具将墙体向上推拉2700mm的高度（图10-26、图10-27）。

（4）使用"矩形"工具在门窗洞口上方绘制矩形（图10-28、图10-29）。

（5）在菜单栏单击"窗口—图层"命令，在弹出的"图层"管理器中将"门窗"图层设置为"可见"（图10-30）。

（6）使用"移动"工具，按住Ctrl键，将飘窗的轮廓线向上复制到墙上沿（图10-31）。

（7）将复制出的飘窗轮廓线选中，单击鼠标右键选择"图元信息"命令（图10-32），在"图元信息"对话框中将图层设置为"Layer0"（图10-33）。

（8）使用"线条"工具在阳台轮廓上描绘，将阳台封面，使用"推/拉"工具将阳台向上推拉2700mm的高度（图10-34、图10-35）。

（9）再次将"门窗"图层设置为"不可见"，使用"推/拉"工具将门窗洞口上表面向下推拉600mm（图10-36、图10-37）。

（10）窗洞和门洞的不同在于窗洞下部有窗台，"线条"工具在窗洞的下边绘制轮廓线，使用"推/拉"工具向上推拉合适的高度，客厅窗户向上推拉400mm（图10-38），普通窗户向上推拉900mm（图10-39）。

（11）使用"线条"工具和"推/拉"工具绘制飘窗模型，飘窗窗台高600mm，飘窗梁高600mm（图10-40），效果如图10-41所示。

（a）

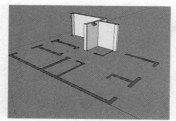

（b）

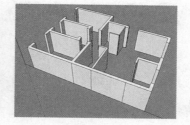

图10-27　生成墙体

图10-26　描绘墙体

（a）

图10-28　"矩形"工具

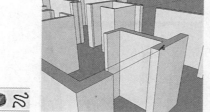

（b）

图10-29　绘制矩形

图10-30　"门窗"图层设置为"可见"

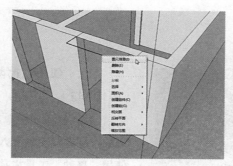

图10-31　复制轮廓线　　　　图10-32　"图元信息"命令

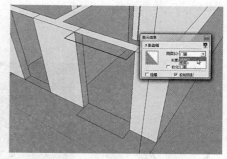

图10-33　图层设置为"Layer0"

（a）

图10-34　"线条"工具

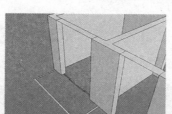

（b）

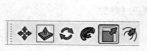

（a）

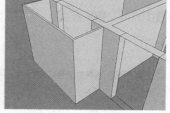

（b）

图10-35　生成阳台

（a）

图10-36　将门窗洞口上表面向下推拉

（b）

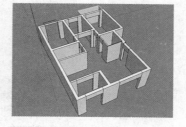

图10-37　推拉完成

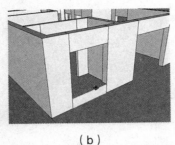

（a）　　　　（b）

图10-38　客厅窗户推拉

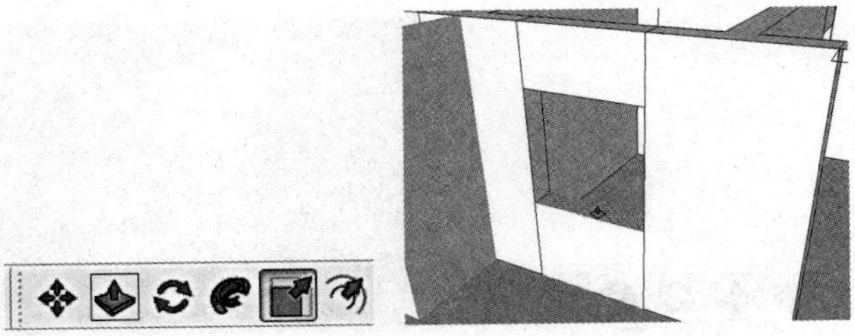

（a）　　　　（b）

图10-39　普通窗户推拉

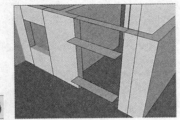

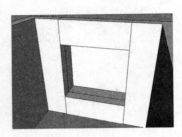

（a）　　　　（b）

图10-40　绘制飘窗

图10-41　绘制效果

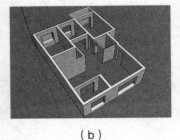

（a）　　　　（b）

图10-42　擦除线面

（12）使用"擦除"工具将多余的线、面删除（图10-42）。

（13）在菜单栏单击"文件—导入"命令将之前整理的"底图"文件导入场景中（图10-43、图10-44），使用"移动"工具将其移到合适位置（图10-45）。

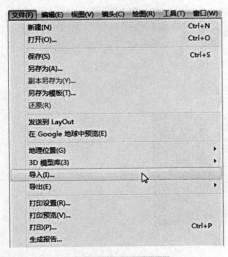

图10-43　"文件—导入"命令

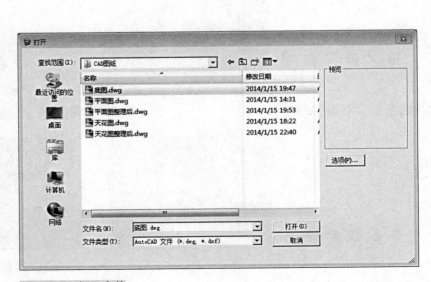

图10-44　打开文件

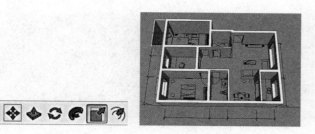

（a） （b）

图10-45 将文件移到合适位置

2. 创建门窗

（1）使用"矩形"工具在窗洞口绘制矩形（图10-46），在矩形上双击将其边线选中，单击鼠标右键选择"创建组"命令将其创建为组（图10-47）。

（2）进入组内，使用"偏移"工具将矩形向内偏移50mm（图10-48），再使用"推/拉"工具将窗框向外推拉50mm（图10-49）。

（3）使用"矩形"工具绘制一个50mm×50mm的正方形，并将其创建为组（图10-50、图10-51）。

（4）使用"推/拉"工具将正方形推拉成体（图10-52）。

（5）使用"移动"工具、"拉伸"工具等将窗户创建完成，效果如图10-53所示，再使用"移动"工具将窗户移到合适位置（图10-54），最后为窗户赋予材质（图10-55）。

（6）用同样的方法制作其他几个窗户（图10-56）。

（7）将素材中的"第十章—贴图及模型—室内门、推拉门"文件模型添加到场景中，并放置到合适位置（图10-57）。

─ 补充要点 ─

**SketchUp Pro模型制作要点**

如果只是在SketchUp Pro中创建模型，而不通过其他软件渲染，应当尽量将模型制作完整，而不局限于客厅、餐厅，最好将全房模型都创建，至少应创建出基础框架，尤其是全房的门窗洞口应根据平面图精确制作，方便客户能对设计方案进行进一步推敲。

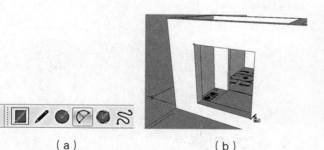

（a） （b）

图10-46 在窗洞口绘制矩形

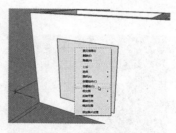

图10-47 "创建组"命令

（a） （b）

图10-48 将矩形向内偏移

（a） （b）

图10-49 将窗框向外推拉

图10-50 绘制一个正方形

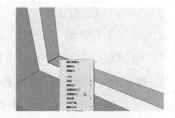

图10-51 "创建组"命令

（a） （b）

图10-52 将正方形推拉成体

图10-53 窗户创建完成

图10-54 将窗户移到合适位置

图10-55 为窗户赋予材质

图10-56 制作其他窗户

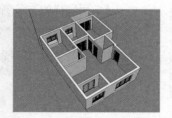

图10-57 将模型添加到场景中

图10-58 将底图和门窗隐藏

（a） （b）

图10-59 将地面封面

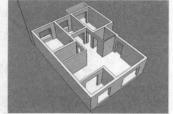

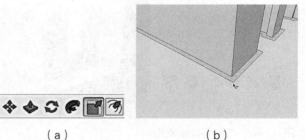

（a） （b）

图10-60 将地面向内偏移

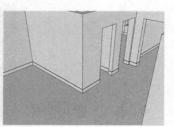

（a） （b）

图10-61 制作踢脚线

### 3. 创建踢脚线和天花板。

（1）为了方便创建踢脚线，要先将底图和门窗隐藏（图10-58），使用"线条"工具将地面封面（图10-59）。

（2）使用"偏移"工具将地面向内偏移10mm，绘制出踢脚线轮廓线（图10-60），再使用"推/拉"工具向上推拉150mm，制作踢脚线（图10-61）。

（3）将门窗恢复显示，将地面、踢脚线创建为一组，墙体和门窗创建为一组（图10-62）。

（4）打开素材中的"第十章—CAD图纸—天花图"文件（图10-63）。

（5）单击"图层特性管理器"按钮，在打开的"图层特性管理器"对话框中新建一个图层并命名为"天花"（图10-64），将所有图形炸开并移到"天花"图层上（图10-65）。

（6）在CAD的命令输入框中输入"pu"，将文件清理（图10-66），清理完成后将其另存。

（7）使用"线条"工具将模型顶面封闭（图10-67），在菜单栏中单击"文件—导入"命令，将整理的天花图导入（图10-68、图10-69）。

（8）使用"移动"工具将导入的天花图移到合适的位置（图10-70）。

（9）使用"线条"工具和"圆"工具根据天花图描绘天花板的轮廓线（图10-71）。

（10）使用"推/拉"工具将天花板推拉适当的高度（图10-72），最后将面整理（图10-73）。

**4. 为场景添加页面**

（1）此时空间的模型基本创建完成，需要为场景中添加页面，选取"缩放"工具，输入"75deg"，

图10-62 创建组

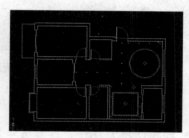

图10-63 打开素材

图10-64 新建图层

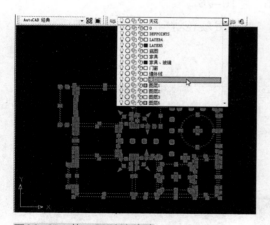

图10-65 炸开图形并移动

图10-66 清理

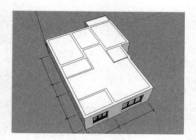

图10-67 将模型顶面封闭

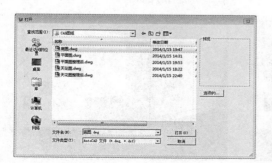

图10-68 打开文件

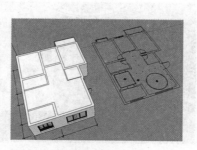

图10-69 导入天花图

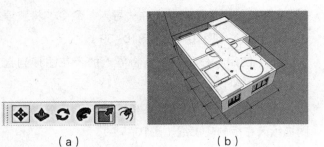

图10-70　将天花图移到合适位置

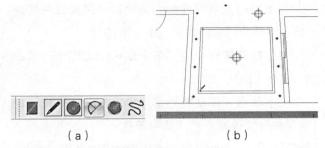

图10-71　描绘天花板的轮廓线

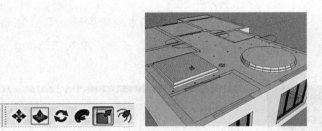

图10-72　推拉天花板的高度

图10-73　整理天花板的面

图10-74　"窗口—场景"命令

　　将默认的35°视角调整为75°，在菜单栏单击"窗口—场景"命令，打开"场景"管理器（图10-74），调整好角度后单击"添加场景"按钮创建场景1，再调整角度，添加场景2（图10-75、图10-76）。

　　（2）在场景1和场景2，通过"使用层颜色材料"窗口为模型添加材质（图10-77、图10-78）。

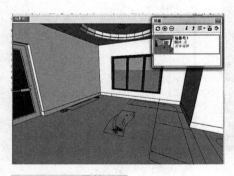

图10-75　场景管理器

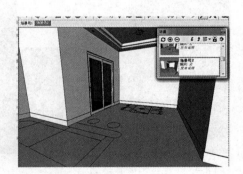

图10-76　创建场景

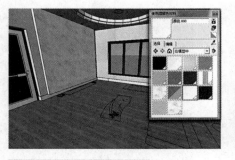

图10-77　为地面添加材质

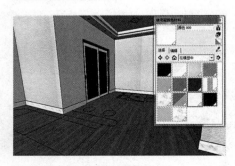

图10-78　为墙面添加材质

### 5. 为室内场景添加家具模型

（1）在室内空间中添加各种灯具模型（图10-79）。

（2）在室内空间中添加沙发、茶几、电视柜、餐桌等模型，素材中提供了本案例中需要的所有模型（图10-80、图10-81）。

（3）模型添加完成后，在菜单栏单击"窗口—图层"命令，在"图层"管理器中将"底图""天花"图层设置为"不可见"（图10-82）。

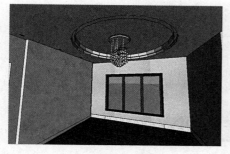

图10-79  添加各种灯具模型

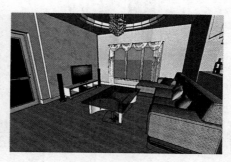

图10-80  添加沙发、茶几、电视柜

图10-81  添加餐桌、椅子

图10-82  将"底图""天花"图层设置为"不可见"

# 第三节  导出图像

## 一、设置场景风格

（1）在菜单栏单击"窗口—样式"命令，打开"样式"管理器（图10-83、图10-84）。

（2）打开"样式"管理器中的"编辑"选项卡，单击"背景"设置按钮，设置"背景"颜色为黑色（图10-85）。

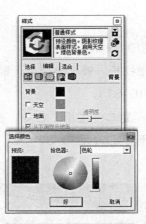

图10-83 "窗口—样式"命令　　图10-84 "样式"管理器　　图10-85 设置"背景"颜色　　图10-86 取消"显示边线"选项　　图10-87 "镜头—两点透视图"命令

图10-88 调整视图　　图10-89 "窗口—阴影"命令　　图10-90 调节光影参数

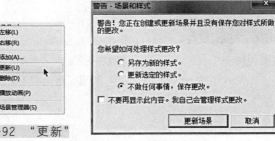

图10-91 光影效果　　图10-92 "更新"命令　　图10-93 更新场景

（3）单击"边线"设置按钮，取消"显示边线"选项的勾选（图10-86）。

## 二、调整阴影显示

（1）在菜单栏单击"镜头—两点透视图"命令（图10-87），将视图进行调整（图10-88）。

（2）在菜单栏单击"窗口—阴影"命令（图10-89），打开"阴影设置"对话框，激活"显示/隐藏阴影"按钮，在此设置"时间""日期"和光线亮暗，调节出满意的光影效果（图10-90、图10-91）。

（3）设置完成后，在场景选项卡上单击鼠标右键选择"更新"命令（图10-92），在弹出的"警告-场景和样式"对话框中将"不做任何事情，保存更改"选项勾选，单击"更新场景"按钮将场景更新（图10-93）。

（4）同样对另一个场景的阴影进行设置，单击"镜头—两点透视图"命令，将视图进行调整（图10-94），在"阴影设置"对话框中设置阴影（图10-95），效果如图10-96所示。

图10-94 调整视图

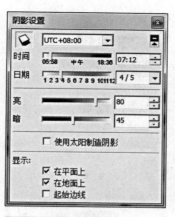

图10-95 设置阴影

图10-96 完成效果

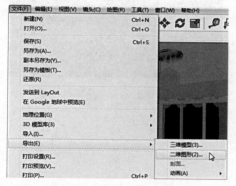

图10-97 "文件—导出—二维图形"命令

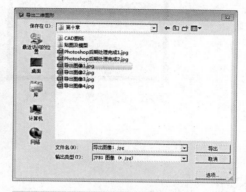

图10-98 "导出二维图形"对话框

图10-99 "导出JPG选项"对话框

图10-100 导出图像

图10-101 导出另一个角度的图像

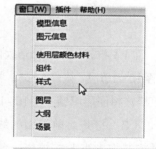

图10-102 "窗口—样式"命令

### 三、导出图像

（1）在菜单栏单击"文件—导出—二维图形"命令，打开"导出二维图形"对话框（图10-97、图10-98），在此设置文件名，设置"输出类型"为"JPEG图像（\*.jpg）"。

（2）单击右下角的"选项"按钮，在弹出的"导出JPG选项"对话框中设置图像大小，勾选"消除锯齿"选项，将JPEG压缩滑块拖至最右端，设置完成后单击"好"按钮关闭对话框（图10-99），单击"导出"按钮将图像导出，效果如图10-100所示。

（3）同样的方法将另一个角度的图像导出，效果如图10-101所示。

（4）还需要导出线框图用于后期处理，在菜单栏单击"窗口—样式"命令（图10-102），打开"样式"管理器，在"样式"管理器中打开"编辑"选项卡，单击"平面设置"按钮，选择"以隐藏线模式显示"样式（图10-103）。

（5）用上述方法再将图像导出，效果如图11-104、图11-105所示。

图10-103 "样式"管理器

图10-104 导出图像

图10-105 导出另一个角度的图像

# 第四节 后期处理

（1）打开Photoshop软件，打开之前导出的图像（图10-106），按住Alt键，并在"背景"图层上双击鼠标，将图层解锁（图10-107、图10-108）。

（2）打开之前导出的线框图，使用"移动"工具将其拖入当前文档中，使两张图片上下重叠（图10-109）。

（3）选择"图层1"，在菜单栏单击"图像—调整—反相"命令，将线框图颜色反相（图10-110、图10-111）。

（4）将"图层1"的混合模式设置为"正片叠底"，"不透明度"设置为50%（图10-112）。

（5）选择"图层0"，在菜单栏单击"滤镜—锐化—锐化"命令，使图片更加清晰（图10-113）。

（6）在菜单栏单击"图像—调整—色彩平衡"

图10-106 打开图像

图10-107 背景图层

图10-108 解锁图层

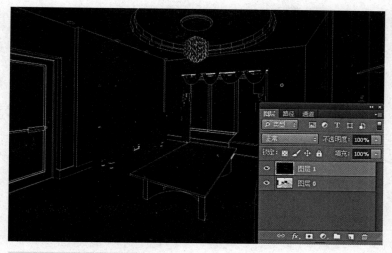

图10-109　重叠两张图片

图10-110　"图像—调整—反相"命令

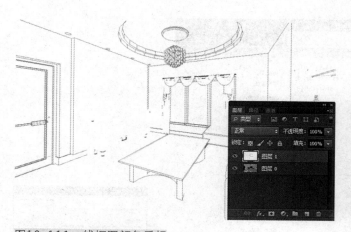

图10-111　线框图颜色反相

图10-112　设置混合模式

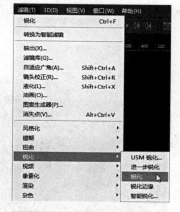

图10-113　"滤镜—锐化—锐化"命令

命令（图10-114），弹出"色彩平衡"对话框，在此设置色阶参数为13、0、-21（图10-115），效果如图10-116所示。

（7）在菜单栏单击"图像—调整—亮度/对比度"命令（图10-117），弹出"亮度/对比度"对话框，在此设置"亮度"为12，设置"对比度"为13（图10-118）。

（8）使用"加深"工具在近处的地板上涂抹，使地板加深，增加进深感（图10-119）。

（9）新建图层，按快捷键Ctrl+Shift+Alt+E，合并所有可见图层到新图层（图10-120、图10-121）。

（10）选择"图层2"，在菜单栏单击"滤镜—模糊—高斯模糊"命令（图10-122），在弹出的"高斯模糊"对话框中，设置"半径"为4.2（图10-123）。

（11）设置"图层2"的混合模式为"柔光"，"不透明度"为30%（图10-124），效果如图10-125所示。

（12）此时，图像已经处理完成，将其另存。使用同样的方法完成另一张图像的处理，效果如图10-126所示。

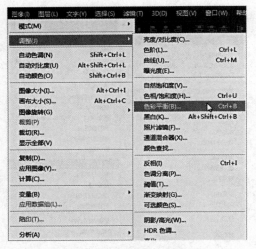

图10-114 "图像—调整—色彩平衡"命令

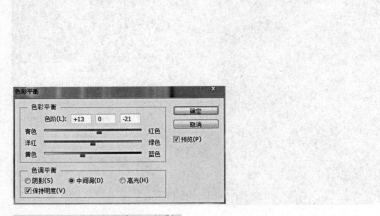

图10-115 "色彩平衡"对话框

图10-116 完成效果

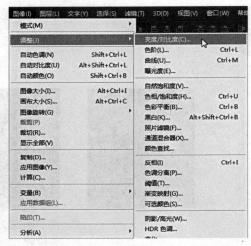

图10-117 "图像—调整—亮度/对比度"命令

图10-118 "亮度/对比度"对话框

图10-119 "加深"工具涂抹

图10-120 新建图层

图10-121 合并所有可见图层

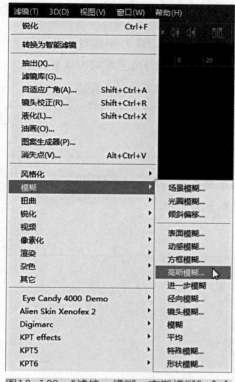

图10-123　高斯模糊对话框

图10-122　"滤镜—模糊—高斯模糊"命令

图10-124　设置"图层2"模式

图10-125　完成效果

图10-126　另一张图像完成效果

- 补充要点 -

**SketchUp Pro模型制作要点**

　　在SketchUp Pro中创建的空间模型，即使不经过逼真细腻的渲染，也具备一定的实景效果，尤其能将空间中的结构清晰反映出来，这种效果图虽然不具备商业用途，但能作为初步方案与客户交流，并且能随时渲染成逼真的效果图。

本章小结

　　在AutoCAD中绘制家居平面图，将墙体线框导入SketchUp Pro中进行模型创建，创建时主要用到"线条"工具与"推/拉"工具，造型简洁大方，模型创建速度快，家具、灯具、陈设饰品均可以从素材库中调用，大幅度提高了模型的创建速度。采用SketchUp Pro制作类似家居效果图模型的效率极高。

课后练习

1. 设计并制作一套住宅室内空间模型，房间类型与数量不限，为其赋予材质。

2. 搜集整理一批住宅室内空间模型，为以后学习工作积累素材。

# 第十一章
# 庭院景观设计实例

PPT 课件

素材

教学视频

识读难度：★ ★ ★ ☆ ☆
核心概念：规划、建模、渲染、后期
处理

---

◀ **章节导读**

本章介绍了一套庭院景观的设计案例，用电脑制作庭院效果图的技术已经非常纯熟，制作水平也日渐提高。

---

## 第一节　案例基本内容

本案例为庭院设计，总面积130m²，设有菜地、水池、停车位、活动区和健步区，本案例在SketchUp Pro中创建基础模型后，导入3ds max中设置摄像机、制作材质、设置灯光等，完成效果如图11-1所示。

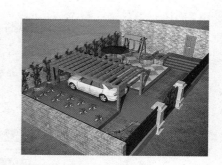

图11-1　庭院完成效果

## 第二节　整理CAD图纸

（1）本案例提供了一张庭院设计平面图，电子文件见素材中的"第十一章—CAD图纸—平面图"（图11-2）。

（2）在建模之前需要对图纸进行整理（图11-3），整理后的平面图电子文件见素材中的"第十一章—CAD图纸—平面图整理后"。

（3）在CAD的命令输入框中输入"pu"，会弹出"清理"对话框

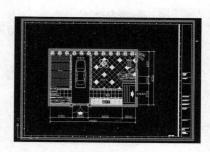

图11-2　打开素材

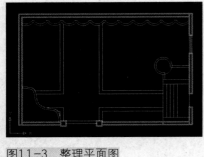

图11-3 整理平面图

图11-4 "清理"对话框

图11-6 完成清理

图11-5 "确认清理"对话框

（图11-4），单击对话框中的"全部清理"按钮。

（4）在弹出的"确认清理"对话框中单击"全部是"按钮（图11-5），即可对场景中的图元信息进行清理。

（5）清理完成后，"清理"对话框中的"清理"和"全部清理"按钮会变为灰色（图11-6），此时就将CAD图纸清理完成，并另存。

# 第三节 创建空间模型

（1）运行SketchUp Pro软件，在菜单栏单击"窗口—模型信息"命令（图11-7），在弹出的"模型信息"对话框中单击左侧的"单位"，在对话框中进行相应设置（图11-8）。

（2）在菜单栏单击"窗口—样式"命令（图11-9），弹出"样式"对话框，选择"预设样式"中的"普通样式"，天空、地面、边线等将会自动套用"普通样式"模板（图11-10）。

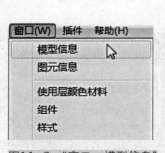

图11-7 "窗口—模型信息"命令

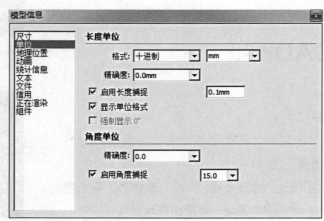

图11-8 "模型信息"对话框

图11-9 "窗口—样式"命令

（3）在菜单栏单击"文件—导入"命令（图11-11），在弹出的"打开"对话框中将"文件类型"设置为"AutoCAD文件（*.dwg,*.dxf）"，选择整理好的CAD平面图文件（图11-12）。

（4）单击对话框右侧的"选项"按钮，在弹出的对话框中设置"单位"为"毫米"，将"合并共面平面"和"平面方向一致"选项勾选（图11-13），设置完成后单击"好"按钮关闭对话框，单击"打开"按钮即可将CAD图纸导入SketchUp Pro中（图11-14、图11-15）。

（5）在导入的平面图上单击鼠标右键选择"分解"命令将组分解（图11-16）。

（6）在菜单栏单击"插件—Label Stray Lines"（标记线头）命令，使用标注线头插件将断线头识别出来（图11-17、图11-18）。

（7）识别后，使用"线条"工具对断线头进行连接，并封面（图11-19）。

（8）如果面都为反面，选择一个面单击鼠标右

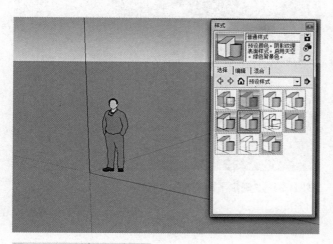

图11-10 "样式"对话框

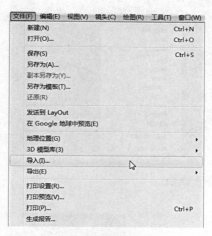

图11-11 "文件—导入"命令

图11-12 打开文件

图11-13 导入设置

图11-14 "导入结果"对话框

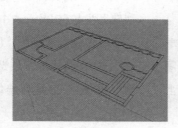

图11-15 导入完成

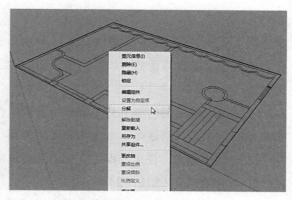

图11-16 "分解"命令

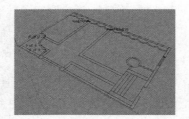

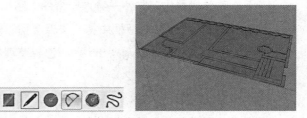

图11-17 "插件—Label
Stray Lines"命令

图11-18 识别断线头

（a）　　　　　　　　（b）

图11-19 封面

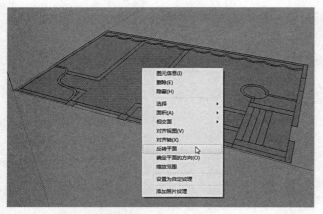

图11-20 "反转平面"命令

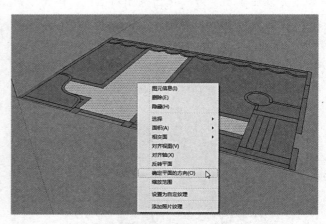

图11-21 "确定平面的方向"命令

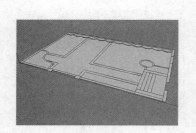

图11-22 反转完成

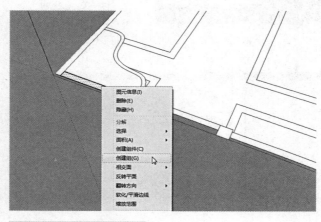

图11-23 "创建组"命令

键选择"反转平面"命令（图11-20），再次单击鼠标右键选择"确定平面的方向"命令（图11-21），此时面已全部反转（图11-22）。

（9）在庭院围墙的面上双击鼠标将面选中，单击鼠标右键选择"创建组"命令将其创建为组（图11-23），进入组内，使用"推/拉"工具将墙体向上推拉600mm的高度（图11-24）。

（10）同样将另一侧的围墙也制作出来（图11-25）。

（11）将另外三个面的围墙也分别创建为组，分别向上推拉600mm、1800mm和3400mm，创建完成后将多余的线删除（图11-26～图11-28）。

（12）将水池围墙选中并创建组（图11-29），使用"推/拉"工具将墙体向上推拉450mm（图11-30）。

（13）将创建的水池围墙组选中，单击鼠标右键

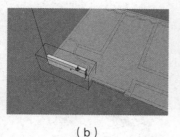
（a）

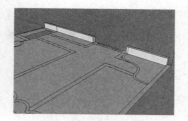
（b）

图11-25　制作另一侧的围墙

图11-24　推拉墙体

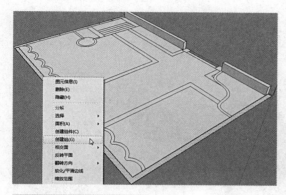
图11-26　"创建组"命令

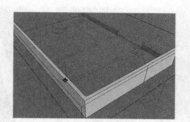
图11-27　推拉墙体高度

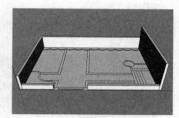
图11-28　创建完成

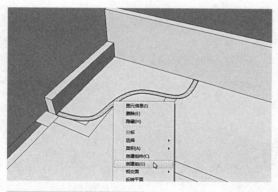
图11-29　"创建组"命令

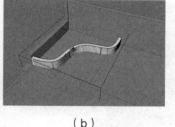
（a）　　　　　（b）

图11-30　推拉墙体

选择"软化/平滑边线"命令，在弹出的"柔化边线"对话框中勾选"平滑法线"和"软化共面"选项将围墙边线柔化（图11-31、图11-32）。

（14）打开"使用层颜色材料"对话框，选择素材中的"第十一章—模型库—青色蘑菇石、鹅卵石"将"青色蘑菇石"贴图赋予水池围墙（图11-33），将"鹅卵石"贴图赋予水池地面（图11-34）。

（15）将水池地面复制并向上移动，打开"使用层颜色材料"对话框，并赋予其"水池水纹"贴图，调整不透明度（图11-35）。

（16）同样，将庭院中的另一个水池围墙创建为组，并使用"推/拉"工具将墙体向上推拉500mm（图11-36、图11-37），将围墙选中，单击鼠标选择"软化/平滑边线"选项，将围墙边线柔化（图11-38）。

（17）为水池赋予"青色蘑菇石""鹅卵石"和"水池水纹"贴图（图11-39）。

（18）接着创建菜地，将菜地区域的围墙面选中创建为组（图11-40），使用"推/拉"工具向上推拉300mm（图11-41），并赋予将素材中提供的"褐色

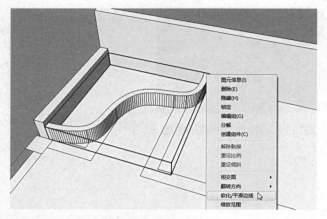

图11-31 "软化/平滑边线"命令

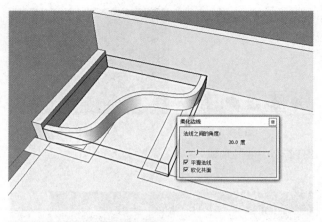

图11-32 "柔化边线"对话框

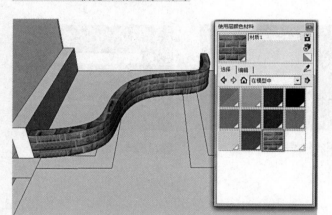

图11-33 赋予水池围墙贴图

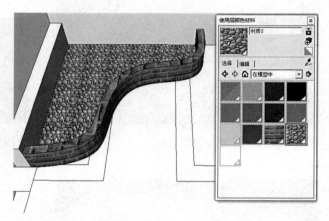

图11-34 赋予水池地面贴图

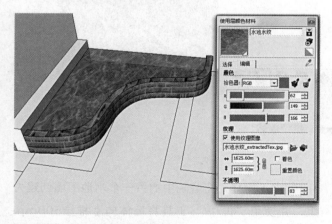

图11-35 赋予水池水纹贴图

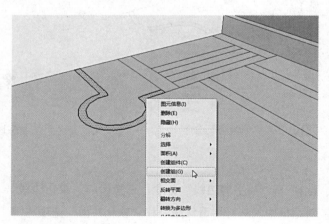

图11-36 "创建组"命令

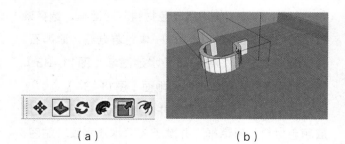

（a）　　　　　　　　　　（b）

图11-37 推拉墙体

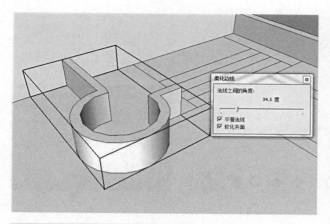

图11-38 "柔化边线"对话框

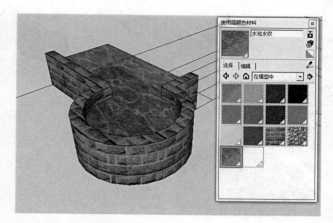

图11-39 赋予水池贴图

图11-40 "创建组"命令

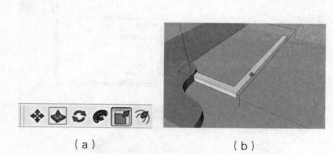

（a） （b）

图11-41 推拉菜地围墙

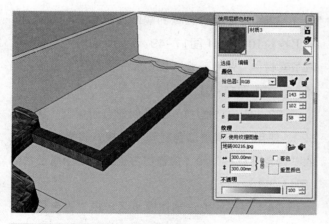

图11-42 赋予褐色仿古瓷砖贴图

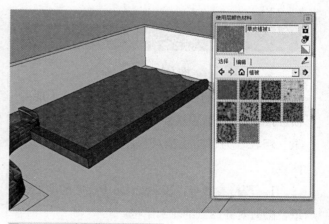

图11-43 赋予草皮植被贴图

仿古瓷砖"贴图（图11-42）。

（19）将菜地区域向上推拉200mm，并赋予"草皮植被"贴图（图11-43）。

（20）同样的方法制作庭院中的花坛，将花坛区域的围墙面选中创建为组（图11-44），使用"推/拉"工具向上推拉450mm，并将其边线柔化（图11-45、图11-46）。

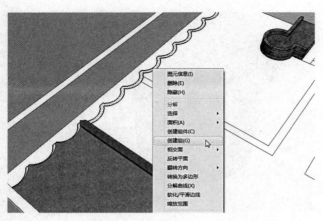

图11-44 "创建组"命令

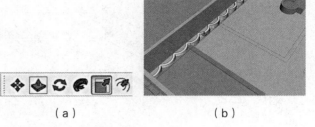

（a） （b）

图11-45 推拉花坛围墙

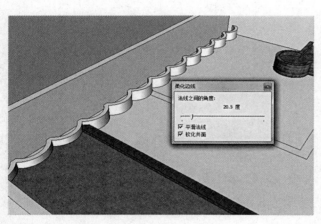

图11-46 "柔化边线"对话框

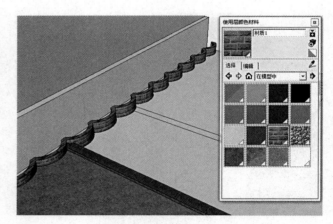

图11-47 赋予花坛青色蘑菇石贴图

**- 补充要点 -**

**推/拉工具**

经过推/拉的模型要严格控制尺度，不能习惯性推/拉，否则容易推/拉过度，使模型变得厚重、粗壮。为了防止推/拉过度，应当注意以下两点：

1. 严格参考导入SketchUp Pro中的原始图纸，随时对齐图纸的轮廓结构。

2. 在屏幕右下角输入准确的推/拉数据，防止推拉过度。不能因为推/拉操作简单方便，而忽略尺度。

（21）为花坛赋予"青色蘑菇石"和"草皮植被"贴图（图11-47、图11-48）。

（22）再将活动区域的隔断面选中并创建为组，向上推拉100mm（图11-49、图11-50），为活动区赋予素材中"第十一章—模型库—褐色仿古瓷砖、地砖"贴图（图11-51）。

（23）使用"推/拉"工具创建台阶模型（图11-52），使用"使用层颜色材料"面板，将素材中提供的"青色蘑菇石"和"褐色仿古瓷砖"贴图赋予台阶（图11-53）。

（24）同样的方法制作健步区，将"褐色仿古瓷砖"和"鹅卵石"贴图赋予模型（图11-54）。

（25）再将庭院的走道区域赋予"红色仿古瓷砖"和"水泥砂浆"贴图（图11-55）。

（26）接着为庭院创建门柱，将门柱区域的正方形创建为组，并向上推拉1800mm（图11-56），使用"线条"工具、"推/拉"工具、"偏移"工具等对门柱造型进行修改（图11-57），将"黄褐色

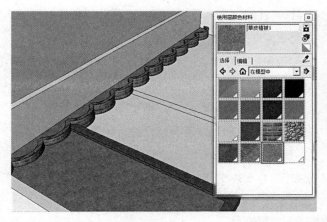

图11-48　赋予草皮植被贴图

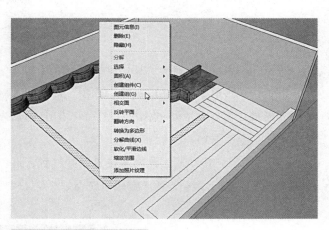

图11-49　"创建组"命令

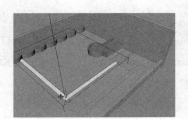

图11-50　推拉高度

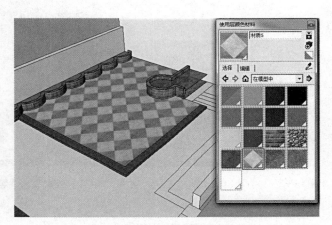

图11-51　赋予褐色仿古瓷砖、地砖贴图

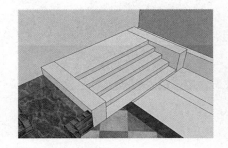

图11-52　创建台阶

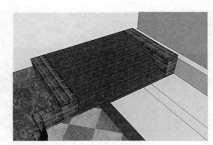

图11-53　赋予台阶贴图

图11-54　制作健步区

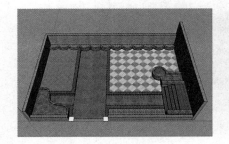

图11-55　赋予走道区域贴图

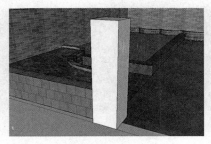

图11-56　创建门柱

图11-57　门柱造型修改

碎石"贴图赋予材质，并复制一个到大门另一侧（图11-58）。

（27）在场景中绘制一个150mm×150mm的方形并将其创建为群组（图11-59），使用"推/拉"工具将方形推拉出2000mm的高度（图11-60），为其赋予木纹贴图（图11-61）。

（28）使用"移动"工具将木柱复制并移到合适位置（图11-62），再使用"旋转"工具、"推/拉"工具、"移动"工具将木柱旋转、移动、拉伸、复制，完成花架模型制作（图11-63）。

（29）此时模型已创建完成，效果如图11-64所示。

（30）最后将素材中"第十一章—模型库—门、栏杆、汽车、家具"等模型添加到场景中，效果如图11-65～图11-67所示，全部模型添加完成后最终效果如图11-68～图11-70所示。

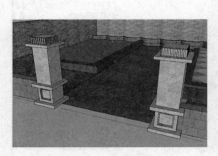

图11-58　赋予门柱材质

图11-59　"创建组"命令

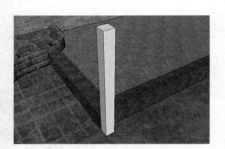

图11-60　推拉出高度

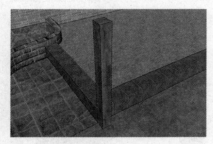

图11-61　赋予木纹贴图

（a）

（b）

图11-62　移动木柱

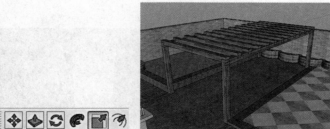

（a）　　　　　（b）

图11-63　完成花架模型制作

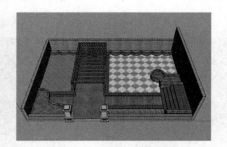

图11-64　模型创建完成

图11-65　添加汽车模型

图11-66　添加家具模型

图11-67　添加门与栏杆模型

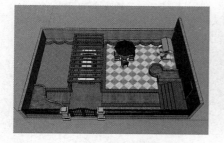

图11-68　添加模型完成正视角

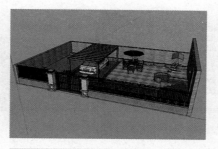

图11-69　添加模型完成右斜侧视角

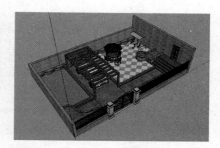

图11-70　添加模型完成左斜侧视角

# 第四节　导入3ds max渲染

## 一、整理模型

（1）在导出模型前需要对模型进行整理，在菜单栏单击"窗口—组件"命令（图11-71），弹出"组件"管理器，单击"组件"管理器中的"在模型中"按钮，再单击"详细信息"按钮，在弹出菜单中单击"清除未使用项"命令（图11-72），将模型中未使用的组件清除。

（2）在菜单栏单击"窗口—使用层颜色材料"命令（图11-73），弹出"使用层颜色材料"管理器，单击"使用层颜色材料"管理器中的"在模型中"按钮，再单击"详细信息"按钮，在弹出菜单中单击"清除未使用项"命令（图11-74），将模型中未使用的材质清除。

（3）接着对模型贴图的尺寸和坐标进行调整，检查模型中是否存在方向相反的面，在菜单栏单击"窗口—样式"命令（图11-75），在弹出的"样式"

管理器中单击"编辑"选项卡下的"平面设置"按钮，选择"样式"中的"单色"样式（图11-76）。

（4）此时以默认材质的颜色显示模型的正反面（图11-77），易于分辨模型的正反。选择一个反面，单击鼠标右键，选择"反转平面"命令将面反转（图11-78），再单击鼠标右键选择"确定平面的方向"命令（图11-79），将多个面反转（图11-80）。同样的方法将模型中的面翻正。

## 二、从SketchUp Pro中导出模型

（1）模型整理完成后将其导出为3ds格式，在菜单栏单击"文件—导出—三维模型"命令（图11-81），在弹出的"导出模型"对话框中设置文件保存路径、文件名，设置"输出类型"为3DS文件（*.3ds）（图11-82）。

（2）单击"导出模型"对话框右下角的"选项"

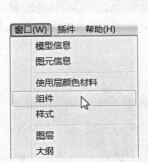

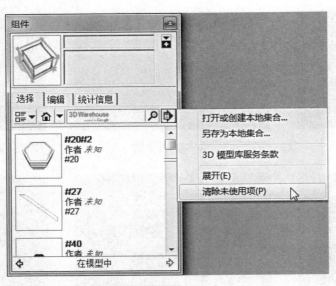

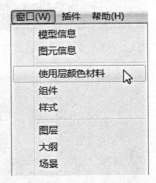

图11-71 "窗口—组件"
命令

图11-72 "清除未使用项"命令

图11-73 "窗口—使用层
颜色材料"命令

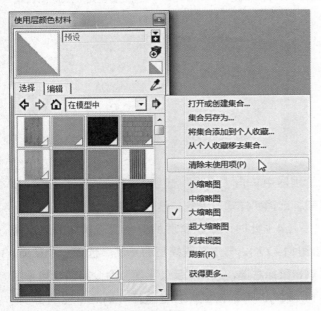

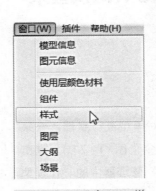

图11-74 "清除未使用项"命令

图11-75 "窗口—样
式"命令

图11-76 "样式"对话框

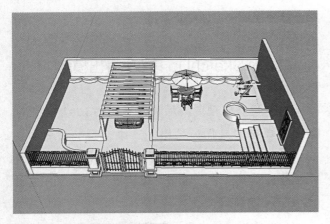

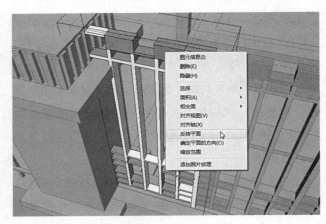

图11-77 默认材质显示模型

图11-78 "反转平面"命令

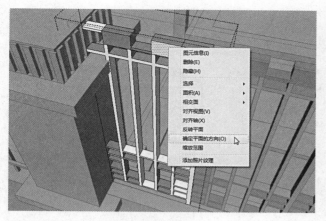

图11-79 "确定平面的方向"命令

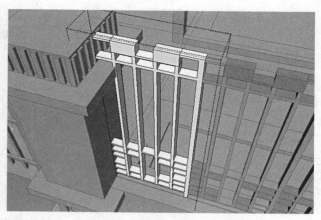

图11-80 多个面反转完成

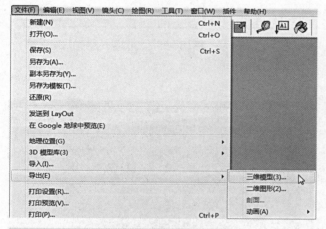

图11-81 "文件—导出—三维模型"命令

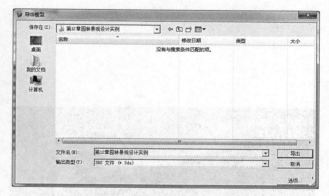

图11-82 "导出模型"对话框

按钮，弹出"3DS导出选项"对话框，在对话框中设置"几何图形"选项组中的"导出"为"按图层"，勾选"使用层颜色材料"选项组中的"导出纹理映射"选项，并勾选"喜好"中的"保留纹理坐标"，设置"比例"为"模型单位"（图11-83）。

（3）设置完成后单击"好"按钮关闭对话框，单击"导出"按钮将模型导出（图11-84），导出完成后会弹出"3DS导出结果"对话框（图11-85）。

## 三、导入模型

（1）运行3ds max软件，此为3ds max 2009工作界面（图11-86、图11-87）。

（2）在菜单栏单击"自定义—单位设置"命令（图11-88），在弹出的"单位设置"对话框中勾选"公制"，设置为"毫米"（图11-89），单击"系统单位设置"按钮，弹出"系统单位设置"对话框，也进行相应设置（图11-90）。

（3）在菜单栏单击"文件—导入"命令（图11-91），在弹出的"选择要导入的文件"对话框中选择之前导出的3DS文件并单击"打开"按钮

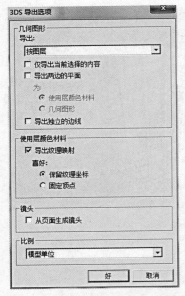

图11-83 "3DS导出选项"对话框

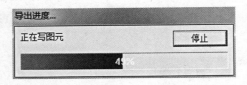

图11-84 导出模型

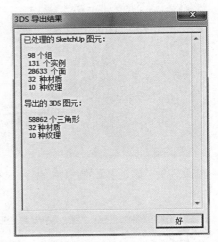

图11-85 "3DS导出结果"对话框

图11-86 启动3ds max

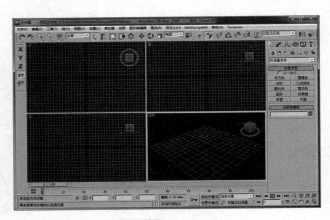

图11-87 3ds max工作界面

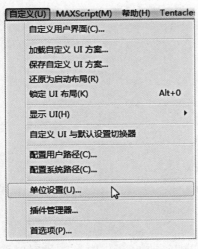

图11-88 "自定义—单位设置"命令

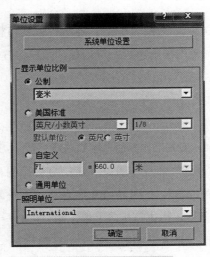

图11-89 "单位设置"对话框

图11-90 "系统单位设置"对话框

图11-91 "文件—导
入"命令

图11-92 "选择要导入的文件"对话框

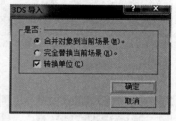

图11-93 "3DS导入"对话框

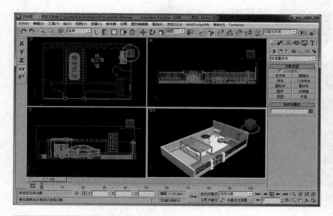

图11-94 完成模型导入

图11-95 选择目标摄像机

（图11-92）。

（4）在弹出的"3DS"导入对话框中选择"合并对象到当前场景"选项，并勾选"转换单位"（图11-93），设置完成后单击"确定"按钮。

（5）此时模型导入完成（图11-94）。

## 四、设置摄像机

在"创建"选项卡中单击"摄像机"按钮，再单击"对象类型"中的"目标"按钮（图11-95），在视图中放置一架目标摄像机，使用"选择并移动"工具对摄像机进行移动，将其调至合适位置（图11-96）。

## 五、制作材质

### 1. 制作墙壁面砖材质

（1）单击"材质编辑器"按钮打开"材质编辑器"，使用"从对象拾取材质"工具在场景中的墙壁面砖上单击鼠标吸取材质（图11-97）。

（2）在"Phong基本参数"卷展栏中单击"漫反射"参数右侧的图标（图11-98），在弹出的"材质/贴图浏览器"中单击"位图"选项，并单击"确定"按钮（图11-99）。

（3）接着在弹出的"选择位图图像文件"对话框中，选择素材中"第十一章—模型库—外墙砖"图片（图11-100），并单击"打开"按钮。

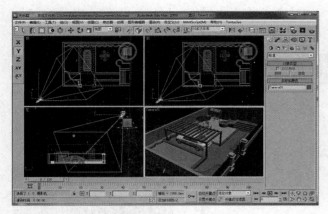

图11-96　移动摄像机位置

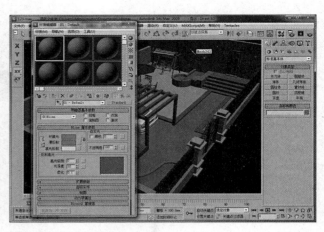

图11-97　吸取材质

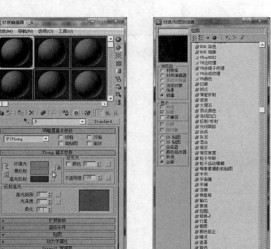

图11-98　选择漫反射

图11-99　选择位图

图11-100　"选择位图图像文件"对话框

（4）完成材质的路径定义后，单击"转到父对象"按钮返回到"Phong基本参数"卷展栏，在"反射高光"选项组中设置"高光级别"为68，"光泽度"为48（图11-101）。

（5）在"漫反射"参数右侧的"M"图标上单击鼠标右键选择"复制"命令（图11-102），并展开"贴图"卷展栏，将漫反射贴图通道粘贴到"凹凸"通道中，设置"凹凸"值为30（图11-103）。

（6）此时墙壁面砖材质设置完成，效果如图11-104。

### 2.　制作木纹材质

（1）在"材质编辑器"中选择一个空白材质球，使用"从对象拾取材质"工具在场景中的木架上单击鼠标吸取材质（图11-105）。

（2）在"Phong基本参数"卷展栏的"反射高光"选项组中设置"高光级别"为20，"光泽度"为10（图11-106）。

（3）展开"贴图"卷展栏，单击"漫反射颜色"通道后的"None"按钮（图11-107），在弹出的"材质/贴图浏览器"中单击"位图"选项，并单击"确定"按钮（图11-108）。

（4）接着在弹出的"选择位图图像文件"对话框，选择素材中"第十一章—模型库—木纹"图片（图11-109），并单击"打开"按钮。

（5）回到"贴图"卷展栏，将"漫反射颜色"通道中的贴图以"实例"的方式复制到"凹凸"通道中（图11-110、图11-111），设置"凹凸"值为30。

图11-101 设置反射高
光参数

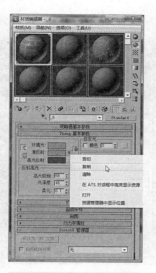

图11-102 "复制"命令

图11-103 设置凹凸贴图

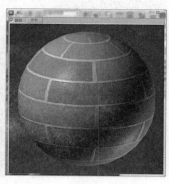

图11-104 墙壁面砖材质

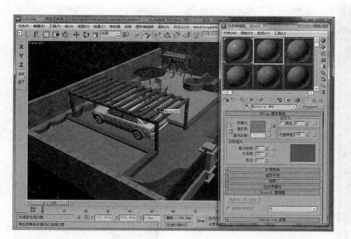

图11-105 吸取材质

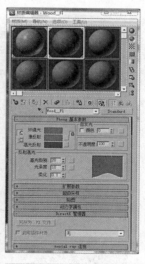

图11-106 设置反射高光

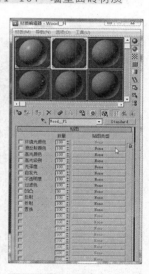

图11-107 单击"None"
按钮

图11-108 选择
"位图"

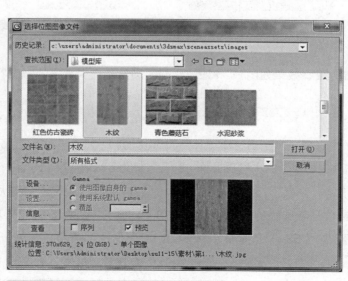

图11-109 "选择位图图像文件"对话框

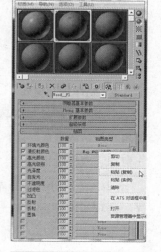

图11-110 "粘贴（复
制）"命令

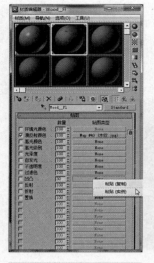

图11-111 "粘贴（实例）"命令

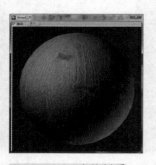

图11-112 木纹材质

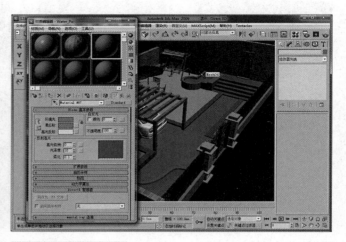

图11-113 吸取材质

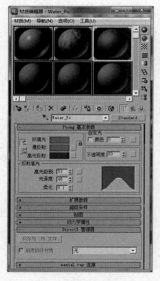

图11-114 设置反射高光

图11-115 单击"None"按钮

图11-116 选择"噪波"

图11-117 设置"噪波参数"

（6）此时木纹材质设置完成，效果如图11-112所示。

**3. 制作水面材质**

（1）在"材质编辑器"中选择一个空白材质球，使用"从对象拾取材质"工具在场景中的水材质上单击鼠标吸取材质（图11-113）。

（2）在"Phong基本参数"卷展栏的"反射高光"选项组中设置"高光级别"为53，"光泽度"为48（图11-114）。

（3）展开"贴图"卷展栏，单击"凹凸"通道后的"None"按钮（图11-115），在弹出的"材质/贴图浏览器"中单击"噪波"选项，并单击"确定"按钮（图11-116）。

（4）在"噪波参数"卷展栏中设置"大小"为300（图11-117），回到"贴图"卷展栏，设置"凹凸"值为20（图11-118）。

（5）单击"反射"通道后的"None"按钮（图11-119），在弹出的"材质/贴图浏览器"中单击"VR贴图"选项，并单击"确定"按钮（图11-120），设置"反射"值为60（图11-121）。

（6）此时水面材质设置完成，效果如图11-122所示。

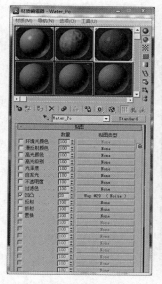

图11-118 设置凹凸

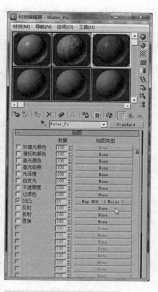

图11-119 设置反射

图11-120 选择"VR贴图"

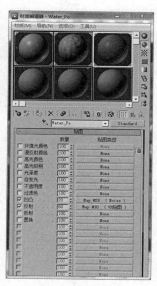

图11-121 设置"反射"值

图11-122 水面材质

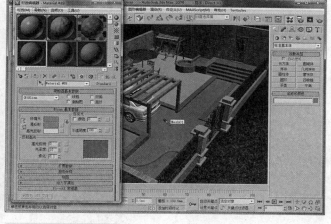

图11-123 吸取材质

### 4.制作路面材质

（1）在"材质编辑器"中选择一个空白材质球，使用"从对象拾取材质"工具在场景中的路面上单击鼠标吸取材质（图11-123）。

（2）这是一个多维子材质，在"多维/子对象基本参数"卷展栏中单击第4个材质通道（图11-124）。

（3）在"Phong基本参数"卷展栏的"反射高光"选项组中设置"高光级别"为15，"光泽度"为15（图11-125）。

（4）展开"贴图"卷展栏，单击"漫反射颜色"通道后的"None"按钮（图11-126），在弹出的"材质/贴图浏览器"中单击"位图"选项，并单击"确定"按钮（图11-127）。

（5）接着在弹出的"选择位图图像文件"对话框中，选择素材中的"第十一章—模型库—水泥砂浆"图片（图11-128），并单击"打开"按钮。

图11-124 选择"多维/子对
象基本参数"中的材质通道

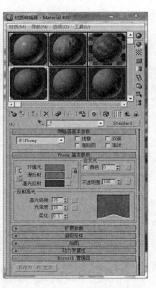

图11-125 设置反射高光

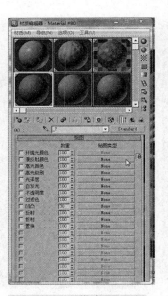

图11-126 单击"None"
按钮

图11-127 选择"位图"

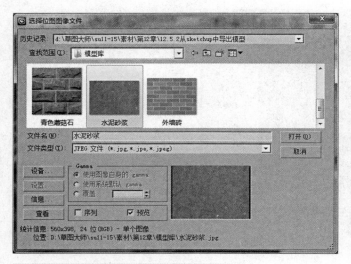

图11-128 "选择位图图像文件"对话框

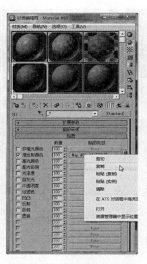

图11-129 "复制"命令

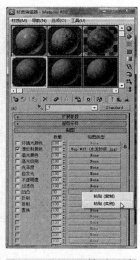

图11-130 "粘贴(实
例)"命令

（6）回到"贴图"卷展栏，将"漫反射颜色"通道中的贴图以"实例"的方式复制到"凹凸"通道中（图11-129、图11-130），设置"凹凸"值为50（图11-131）。

（7）此时道路材质设置完成，效果如图11-132所示。

**5. 制作草地材质**

（1）在"材质编辑器"中选择一个空白材质球，使用"从对象拾取材质"工具在场景中的草地上单击鼠标吸取材质（图11-133）。

（2）这是一个多维子材质，在"多维/子对象基本参数"卷展栏中单击第9个材质通道（图11-134）。

（3）在"Phong基本参数"卷展栏的"反射高光"选项组中设置"高光级别"为25，"光泽度"为17（图11-135）。

（4）展开"贴图"卷展栏，单击"漫反射颜色"通道后的"None"按钮（图11-136），在弹出的"材质/贴图浏览器"中单击"RGB染色"选项，并单击"确定"按钮（图11-137）。

（5）单击"RGB染色参数"卷展栏中的"None"

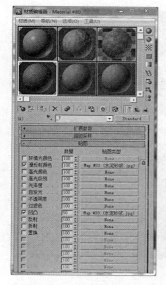

图11-131 设置"凹凸"值

图11-132 道路材质

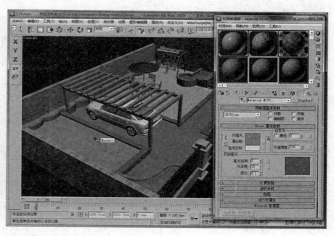

图11-133 吸取材质

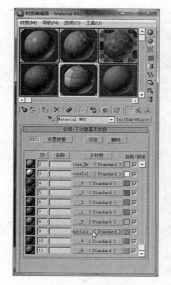

图11-134 选择"多维/子对象基本参数"中的材质通道

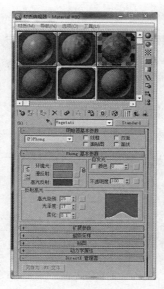

图11-135 设置反射高光

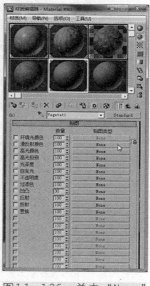

图11-136 单击"None"按钮

图11-137 选择"RGB染色"

按钮（图11-138），在弹出的"材质/贴图浏览器"中单击"位图"选项，并单击"确定"按钮（图11-139）。

（6）接着在弹出的"选择位图图像文件"对话框，选择素材中的"第十一章—模型库—草地"图片（图11-140），并单击"打开"按钮。

（7）单击"RGB染色参数"卷展栏中的"绿色色块"（图11-141），在弹出的"颜色选择器：绿（G）"对话框中降低绿色饱和度（图11-142），设置

完成后单击"确定"按钮。

（8）此时草地材质设置完成，效果如图11-143所示。

## 六、设置灯光

（1）将顶视图调整为当前视图，单击"创建"选项卡中的"灯光"按钮，设置灯光类型为"标准"，单击"目标聚光灯"按钮（图11-144）。

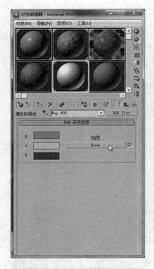

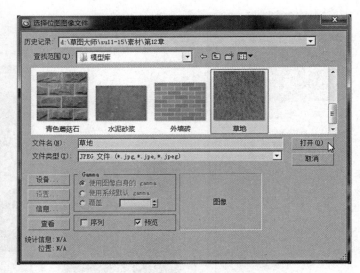

图11-138 单击"RGB染色
参数"中的"None"按钮

图11-139 选择"位图"

图11-140 "选择位图图像文件"对话框

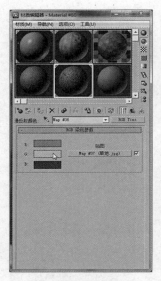

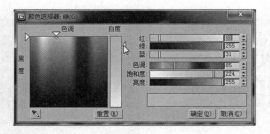

图11-141 单击"绿色色块"

图11-142 降低绿色饱和度

图11-143 草地材质

图11-144 创建
"目标聚光灯"

（2）在场景中放置"目标聚光灯"，使聚光灯的目标点位于场景的中心位置，灯光位于物体的主面（图11-145）。

（3）将前视图调整为当前视图，使用"选择并移动"工具将灯光的发光点向上移动（图11-146）。

（4）选择灯光，打开"修改"选项卡中的"常规参数"卷展栏，在"常规参数"卷展栏中勾选"灯光类型"选项组中的"启用"选项，设置"灯光"类型为"聚光灯"，勾选"阴影"

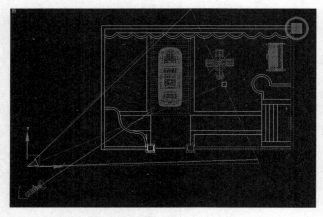

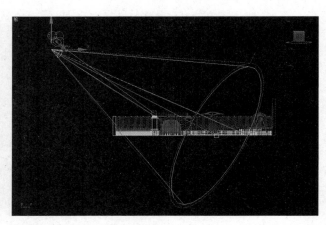

图11-145 放置"目标聚光灯"

图11-146 移动发光点

图11-147 设置常规
参数

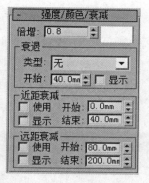

图11-148 设置强度/颜
色/衰减

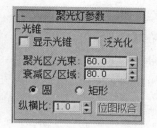

图11-149 设置聚光灯
参数

选项组中的"启用"选项，设置"阴影"类型为"VRay阴影"（图11-147）。

（5）在"强度/颜色/衰减"卷展栏中设置"倍增"为0.8，单击右侧的颜色块，设置为淡黄色（图11-148）。

（6）在"聚光灯参数"卷展栏中设置"聚光区/光束"为60，"衰减区/区域"为80（图11-149）。

## 七、VRay渲染设置

### 1. 指定渲染器

在菜单栏单击"渲染设置"命令或单击工具栏上的"渲染设置"按钮打开"渲染设置"对话框，打开"公用"选项卡中的"指定渲染器"卷展栏，单击"产品级"右侧的"选择渲染器"按钮（图11-150），在弹出的"选择渲染器"对话框中单击"VRay Adv2.10.01"渲染器（图11-151），单击"确定"按钮关闭对话框。

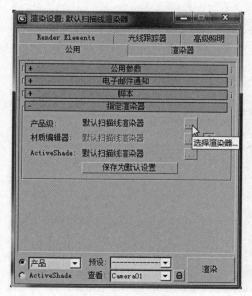

图11-150 设置"指定渲染器"

图11-151 "选择渲染器"对话框

## 2. 测试渲染

（1）打开"VRay"选项卡中的"全局开关"卷展栏，取消"隐藏灯光"的勾选（图11-152）。

（2）打开"图像采样器"卷展栏，设置"图像采样器"类型为"固定"，在"抗锯齿过滤器"选项组中勾选"开"选项，设置类型为"区域"（图11-153）。

（3）打开"间接照明"选项卡中的"间接照明"卷展栏，勾选"开"和"折射"选项，设置"二次反弹"的"倍增器"为0.9，"全局照明引擎"为"BF算法"（图11-154）。

（4）打开"发光图"卷展栏，设置"当前预置"为"非常低"，设置"半球细分"为20（图11-155）。

（5）打开"VRay"选项卡中的"环境"卷展栏，勾选"全局照明环境（天光）覆盖"选项组中的"开"选项，设置"倍增器"为0.5（图11-156）。

（6）打开"公用"选项卡中的"公用参数"卷展栏，设置"输出大小"为640×480（图11-157）。

（7）此时测试渲染参数设置完成，单击工具栏上的"渲染产品"按钮进行渲染，效果如图11-158所示。

（8）测试渲染完成后在模型中加入配景模型再进行测试渲染，效果如图11-159所示。

## 3. 正式渲染

（1）打开"VRay"选项卡中的"图像采样器"卷

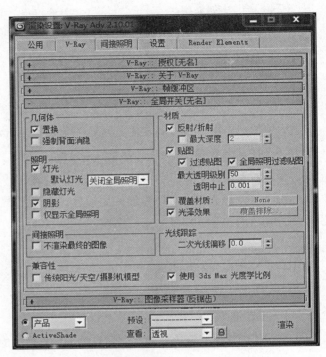

图11-152　设置"全局开关"

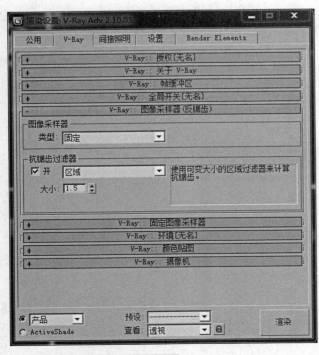

图11-153　设置"图像采样器"

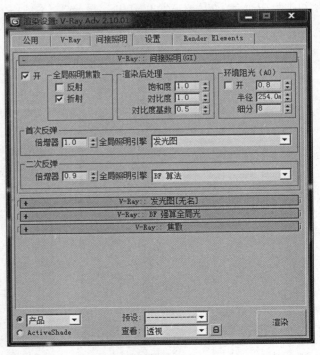

图11-154　设置"间接照明"

图11-155 设置"发光图"

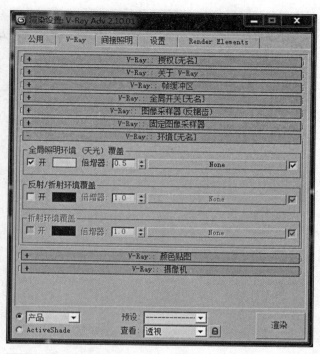

图11-156 设置"环境"

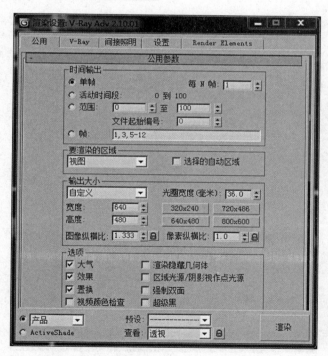

图11-157 设置"公用参数"

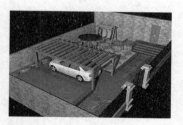

图11-158 初步渲染

图11-159 加入配景模型测试渲染

展栏，设置"图像采样器"类型为"自适应细分"，设置"抗锯齿过滤器"类型为"Catmull-Rom"（图11-160）。

（2）打开"间接照明"选项卡中的"间接照明"卷展栏，勾选"开"和"折射"选项勾选，设置"二次反弹"的"倍增器"为1.0（图11-161）。

（3）打开"发光图"卷展栏，设置"当前预置"为"中"，设置"半球细分"为50（图11-162）。

（4）打开"VRay"选项卡中的"环境"卷展栏，勾选"全局照明环境（天光）覆盖"选项组中的"开"选项，设置"倍增器"为0.6（图11-163）。

图11-160 设置"图像采样器"

图11-161 设置"间接照明"

图11-162 设置"发光图"

图11-163 设置"环境"

　　（5）打开"公用"选项卡中的"公用参数"卷展栏，设置"输出大小"为800×600（图11-164）。
　　（6）此时正式渲染参数设置完成，单击工具栏上的"渲染产品"按钮进行渲染，效果如图11-165所示，将渲染的图片保存为JPEG文件。

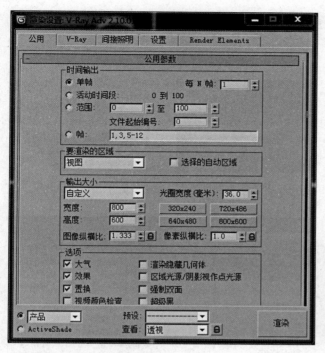

图11-164 设置"公用参数"

图11-165 最终渲染效果

# 第五节 后期处理

（1）打开Photoshop软件，打开之前渲染的图像（图11-166），按住Alt键，并在"背景"图层上双击鼠标，将图层解锁（图11-167、图11-168）。

（2）选取工具箱中的"魔棒"工具，在工具属性栏中单击"添加到选区"按钮，设置"容差"为2，勾选"消除锯齿"和"连续"选项（图11-169），设置完成后，在黑色背景上单击鼠标选中黑色背景（图11-170）。

图11-166 打开渲染图

（3）按键盘上的Delete键将背景删除（图11-171），打开素材中的"第十一章—模型库—草地"文件，使用"移动"工具将其拖入当前文档中，将草地图层置于图层最下方（图11-172），调整图层大小与位置，效果如图11-173所示。

（4）选择"图层0"，在菜单栏单击"图像—调整—亮度/对比度"命令（图11-174），弹出"亮度/对比度"对话框，在此设置"亮度"为12，"对比度"为15（图11-175）。

图11-167　图层解锁

图11-168　解锁完成

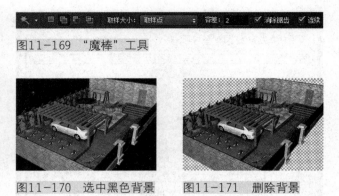

图11-169　"魔棒"工具

图11-172　打开素材

图11-170　选中黑色背景　　图11-171　删除背景

图11-173　融合素材效果

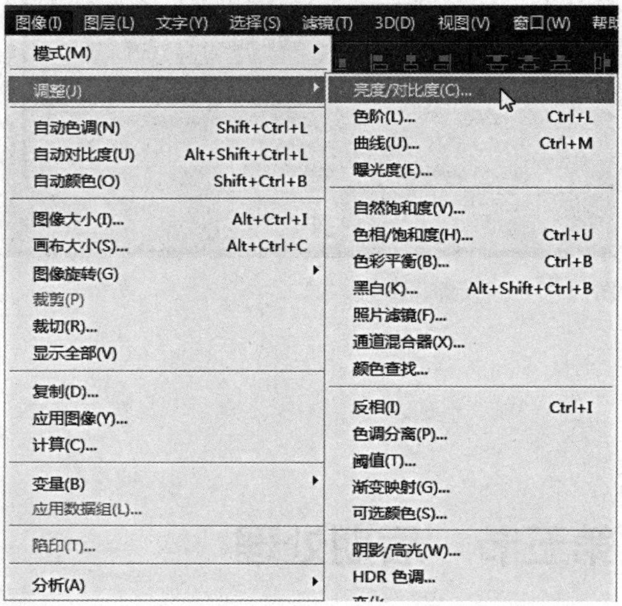

图11-174　"图像—调整—亮度/对比度"命令

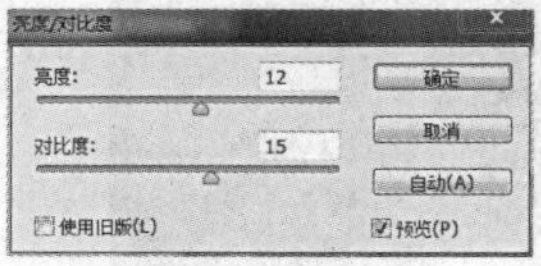

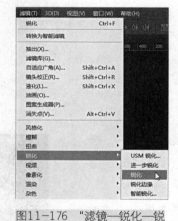

图11-175　"亮度/对比度"对话框

图11-176　"滤镜—锐化—锐化"命令

（5）在菜单栏单击"滤镜—锐化—锐化"命令（图11-176），使图像更加清晰。

（6）新建图层，按快捷键Ctrl+Shift+Alt+E合并所有可见图层到新图层（图11-177、图11-178）。

（7）选择"图层2"，菜单栏单击"滤镜—模糊—高斯模糊"命令（图11-179），在弹出的"高斯模糊"对话框中设置"半径"为4.0（图11-180）。

（8）设置"图层2"的混合模式为"柔光"，"填充"为30%（图11-181），效果如图11-182所示。此时，图像已经处理完成，将其另存。

图11-177　新建图层

图11-178　合并到新图层

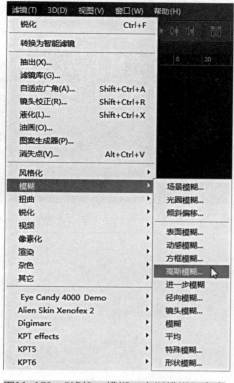

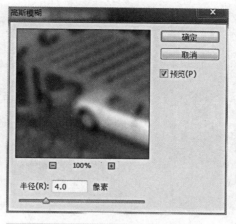

图11-180 "高斯模糊"对话框

图11-181 设置混合模式

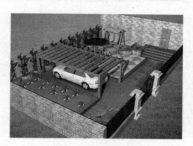

图11-179 "滤镜—模糊—高斯模糊"命令

图11-182 处理完成效果

**本章小结**

　　用于制作庭院电脑效果图的软件很多,以Auto CAD、Photoshop、SketchUp Pro、3ds max为最佳组合。Auto CAD主要用于设计阶段的制图和施工图的制作;Photoshop主要用于制作规划设计平面效果图,即所谓的"彩平图"和效果图的后期处理,包括校正色彩,修复缺陷,添加环境等;SketchUp Pro主要用于构建模型草图;3ds max主要用于庭院效果图的制作。

课后练习

1. 设计并制作一套面积较小的庭院空间模型,赋予材质。

2. 搜集整理一批庭院设施、家具、绿植模型,为以后学习工作积累素材。

若扫码失败请使用浏览器或其他应用重新扫码！

PPT 课件　　　　素材　　　　教学视频

识读难度：★ ★ ★ ★ ☆
核心概念：建筑、场景、导入、导出、
　　　　　构件

# 第十二章
# 建筑设计实例

◁ **章节导读**

　　本章介绍SketchUp Pro制作建筑效果图的方法，建筑效果图看似复杂，其实结构基本类似，可以上下、左右复制。

# 第一节　案例基本内容

　　本案例是一幢办公楼的设计，随着时代的发展，现代的办公建筑也发生了新的变化，建筑外形更加关注特色的塑造来融入本土文化或彰显企业形象，办公建筑的设计也更加注重人性化的设计和周围环境的营造。如图12-1～图12-3所示为办公楼的最终效果图。

图12-1　办公楼右斜侧效果图

图12-2　办公楼正面效果图

图12-3 办公楼左斜侧效果图

# 第二节 整理CAD图纸

（1）拿到建筑施工图和规划总平面图后（图12-4、图12-5），要先对设计图纸进行整理，将尺寸标注、文字注释等没有建模参考意义的内容删除，简化后的图纸如图12-6所示，素材中提供了简化后的CAD文件。

（2）在CAD的命令输入框中输入"pu"，会弹出"清理"对话框（图12-7），单击对话框中的"全部清理"按钮。

（3）在弹出的"确认清理"对话框中单击"全部是"按钮（图12-8），即可对场景中的图元信息进行清理。

（4）清理后，"清理"对话框中的"清理"和"全部清理"按钮会变为灰色（图12-9）。此时已将CAD图纸整理完成，并另存。

（5）运行SketchUp Pro软件，在菜单栏单击"窗口—模型信息"命令（图12-10），在弹出的"模型信息"对话框中单击左侧的"单位"，在对话框中进行相应设置（图12-11）。

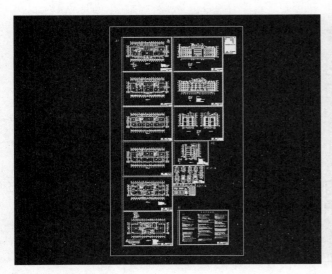

图12-4 立面图

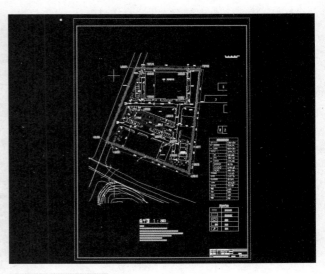

图12-5 总平面图

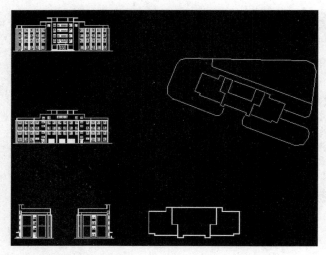

图12-6 整理后的图纸

图12-7 "清理"对话框

图12-8 "确认清理"对话框

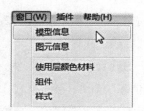

图12-10 "窗口—模型信息"命令

图12-9 清理完成

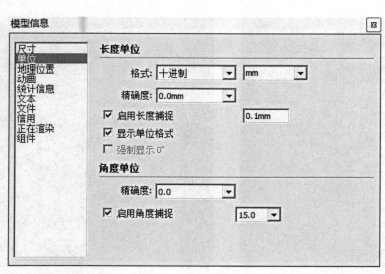

图12-11 "模型信息"对话框

# 第三节　创建空间模型

## 一、将CAD图纸导入Sketchup Pro

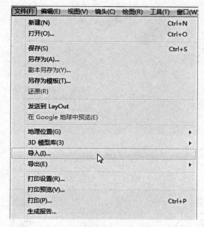

图12-12 "文件—导入"命令

（1）在菜单栏单击"文件—导入"命令（图12-12），在弹出的"打开"对话框中将"文件类型"设置为"AutoCAD文件（\*.dwg,\*.dxf）"，选择素材中的"第十二章—CAD图纸—整理后"的CAD文件（图12-13）。

（2）单击对话框右侧的"选项"按钮，在弹出的对话框中设置"单位"为"毫米"，取消其他几项的勾选（图12-14），设置完成后单击"好"按钮关闭对话框，单击"打开"按钮即可将CAD图纸导入SketchUp Pro中（图12-15）。

（3）图纸导入后，将平面图和立面图分别创建组，选择一个立面图的所有图形，单击鼠标右键选择"创建组"命令即可创建为组（图12-16）。

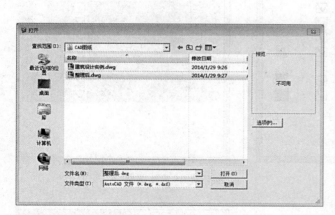

图12-13 打开素材

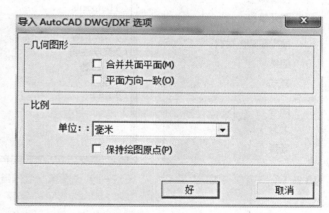

图12-14 设置导入选项

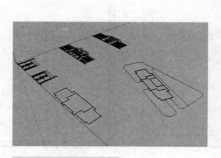

图12-15 导入素材

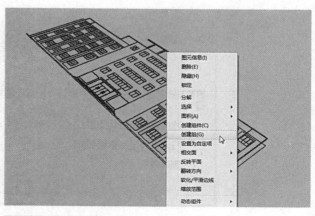

图12-16 "创建组"命令

（4）将其他的平面图和立面图也都单独创建为组（图12-17）。

## 二、分离图层

（1）将平面图和立面图分别创建组后再归到不同的图层中去，能够方便管理。在菜单栏单击"窗口—图层"命令（图12-18），弹出"图层"管理器（图12-19）。

（2）在"图层"管理器中将"Layer0"以外的其他图层全部选中，单击"删除图层"按钮（图12-20），在弹出的"删除包含图元的图层"对话框中选择"将内容移至默认图层"选项（图12-21），单击"好"按钮关闭对话框。

（3）单击"图层"管理器中的"添加图层"按钮，添加图层，命名为"建筑平面图"（图12-22）。

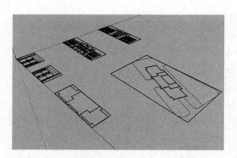

图12-17　创建组完成

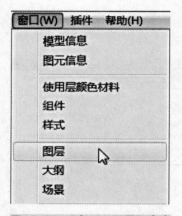

图12-18　"窗口—图层"命令

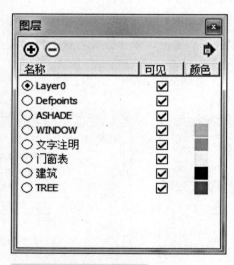

图12-19　"图层"管理器

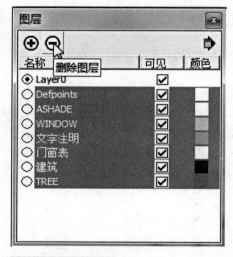

图12-20　删除图层

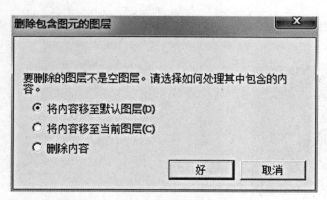

图12-21　"删除包含图元的图层"对话框

图12-22　重命名图层

（4）图层创建后，将建筑平面图的组选中，单击鼠标右键，选择其中"图元信息"命令（图12-23），弹出"图元信息"对话框（图12-24）。

（5）在"图元信息"对话框中将图层改为"建筑平面图"的图层（图12-25）。

（6）使用同样的方法创建新图层，并将平面图和立面图归到各自的图层（图12-26）。

## 三、调整图纸位置

（1）图层分离后需要对图纸的位置进行调整，将建筑的南立面图选中，使用"移动"工具，将其移到平面图的位置（图12-27），再使用"旋转"工具将立面图旋转，使其与平面图垂直（图12-28）。

（2）同样的方法将其他几个建筑立面图也放置到相应位置（图12-29）。

（3）为了方便后面的操作，先将总平面图隐藏，打开"图层"管理器，将"总平面图"后的勾取消（图12-30）。

## 四、创建模型体块

（1）使用"线条"工具根据平面图绘制墙体轮廓线，并将其创建为群组（图12-31），再使用"推/拉"工具依据立面图推拉到相应的高度（图12-32、图12-33）。

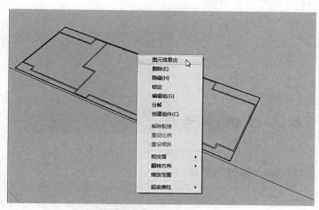

图12-23 "图元信息"命令

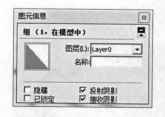

图12-24 "图元信息"对话框

图12-25 改为建筑平面图图层

图12-26 创建新图层

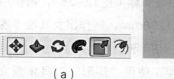

（a）

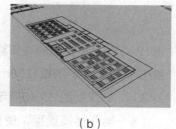

（b）

图12-27 调整图纸位置

（a）

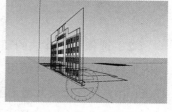

（b）

图12-28 旋转立面图

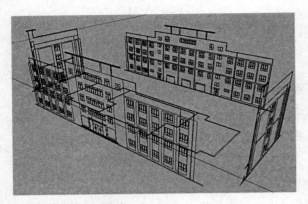

图12-29 放置建筑立面图

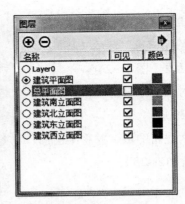

图12-30 隐藏总平面图

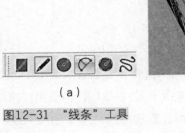

（a）

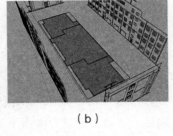

（b）

图12-31 "线条"工具

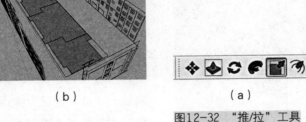

（a）　　　　　　　（b）

图12-32 "推/拉"工具

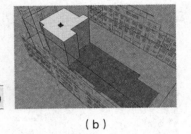

（b）

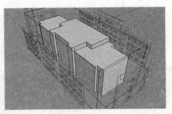

图12-33 推拉完成

（a）

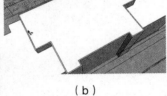

（b）

图12-34 中间体块向内偏移

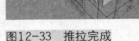

（a）　　　　　　　（b）

图12-35 向下推拉

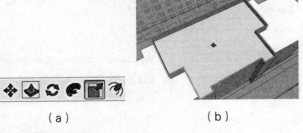

（a）　　　　　　　（b）

图12-36 两侧体块向内偏移

（2）选择中间体块的顶面，使用"偏移"工具向内偏移200mm，再使用"推/拉"工具向下推拉1200mm，制作出女儿墙（图12-34、图12-35）。

（3）将两侧体块的顶面也向内偏移200mm（图12-36），使用"线条"工具对偏移的线进行整理（图12-37），将多余的线删除（图12-38），再使用"推/拉"工具向下推拉1200mm，制作出女儿墙（图12-39），效果如图12-40所示。

（4）制作楼顶造型，使用"矩形"工具依据立面图绘制造型轮廓线（图12-41），绘制完成后将其

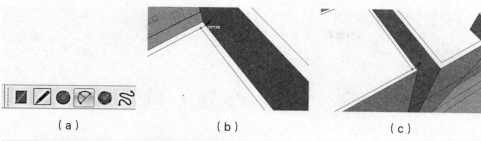

图12-37　使用"线条"工具整理偏移的线

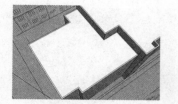

图12-38　删除多余的线

（a）

图12-39　推拉出女儿墙

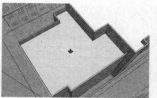

（b）

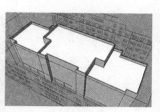

图12-40　制作完成

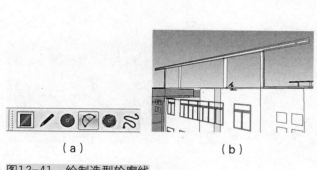

（a）　　　　　　　　　（b）

图12-41　绘制造型轮廓线

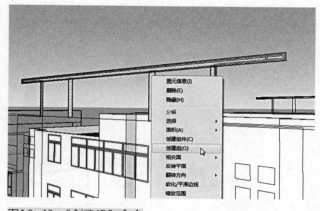

图12-42　"创建组"命令

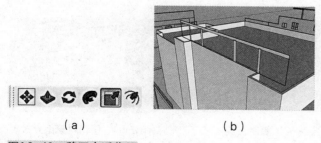

（a）　　　　　　　　　（b）

图12-43　移至合适位置

（a）　　　　　　　　　（b）

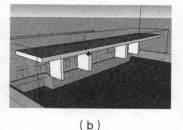

图12-44　推拉出相应厚度

创建为组（图12-42），使用"移动"工具将其移至合适位置（图12-43）。

（5）使用"推/拉"工具依据立面图推拉出相应厚度（图12-44）。

（6）选择造型的顶面，使用"偏移"工具向内偏移500mm（图12-45），再使用"推/拉"工具将中间的面向下推拉使其呈镂空状态（图12-46、图12-47）。

（7）使用"矩形"工具绘制一个300mm×300mm的正方形（图12-48），并将其创建为组（图

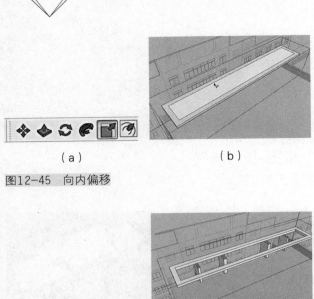

（a）　　　　　　　　　　　　（b）

图12-45　向内偏移

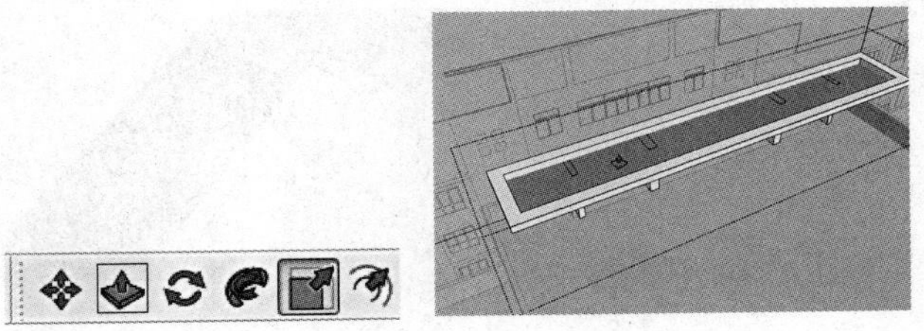

（a）　　　　　　　　　　　　（b）

图12-46　向下推拉

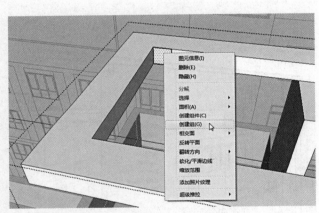

图12-47　制作完成

（a）　　　　　　　　　　　　（b）

图12-48　绘制正方形

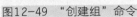

图12-49　"创建组"命令

（a）　　　　　　　　　　　　（b）

图12-50　推拉至另一侧

（a）　　　　　　　　　　　　（b）

图12-51　移动并复制

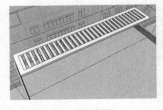

图12-52　复制完成

图12-53　移动建筑南立面图

12-49），使用"推/拉"工具将其推拉至另一侧（图12-50）。

（8）使用"移动"工具，并按住Ctrl键将其向右移动200mm并复制（图12-51），移动完成后输入"30×"，会复制出30个（图12-52）。

（9）移动建筑南立面图，使其与模型表面贴合，便于后面的操作（图12-53），使用"矩形"工具依据立面图在体块上绘制矩形（图12-54），绘制完成后，使用"推/拉"工具依据立面图推拉出相应厚度（图12-55）。

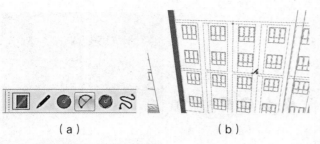

图12-54　在体块上绘制矩形

图12-55　推拉出相应厚度

图12-56　制作外墙结构

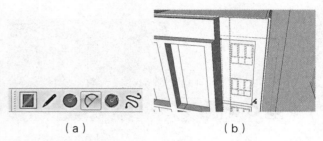

图12-57　绘制矩形

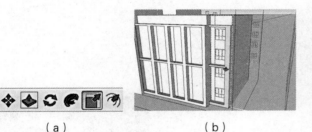

图12-58　推拉出相应厚度

图12-59　制作外墙结构

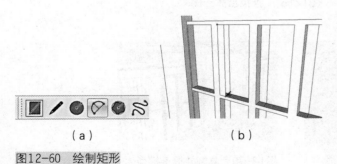

图12-60　绘制矩形

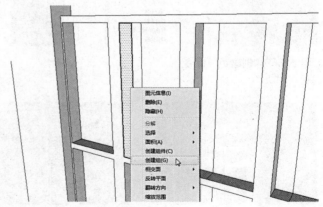

图12-61　"创建组"命令

（10）模型的另一侧也用同样的方法操作（图12-56），模型两侧墙体造型的部分也是同样（图12-57～图12-59）。

（11）模型中包括百叶窗的造型，制作方法与楼顶造型相似。使用"矩形"工具，依据立面图绘制矩形（图12-60），并将其创建成为组（图12-61），使用"推/拉"工具推出100mm的厚度（图12-62）。

（12）使用"偏移"工具向内偏移100mm（图12-63），再使用"推/拉"工具将中间的面推拉使其镂空（图12-64）。

（a）　　　　　　　（b）

图12-62　推拉出厚度

（a）　　　　　　　（b）

图12-63　向内偏移

（a）　　　　　　　（b）

图12-64　推拉面

图12-65　绘制正方形

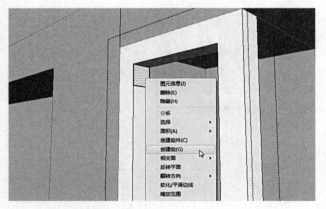
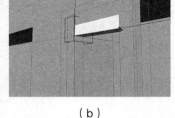

图12-66　"创建组"命令

（a）　　　　　　　（b）

图12-67　推拉至另一侧

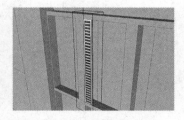

图12-68　复制并阵列　　　图12-69　复制并阵列完成　　　图12-70　复制并放置模型

（13）绘制一个100mm×100mm的正方形（图12-65），并将其创建为组（图12-66），使用"推/拉"工具将其推拉至另一侧（图12-67）。

（14）将长方体向下复制并阵列（图12-68、图12-69）。

（15）将制作好的模型复制并放置到相应位置，效果如图12-70所示。

（16）将其他三个面也进行相同的处理，使用"矩形"工具依据立面图绘制矩形（图12-71），使用"推/拉"工具推拉出厚度（图12-72），效果如图12-

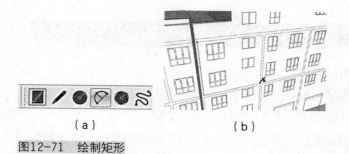

（a）　　　　　　　　（b）

图12-71　绘制矩形

（a）　　　　　　　（b）

图12-72　推拉出厚度

图12-73　正立面模型制作完成

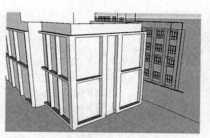

图12-74　右侧立面模型制作完成

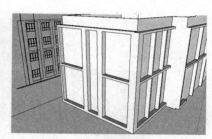

图12-75　左侧立面模型制作完成

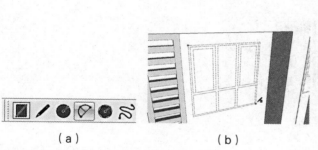

（a）　　　　　　　　（b）

图12-76　绘制窗户轮廓

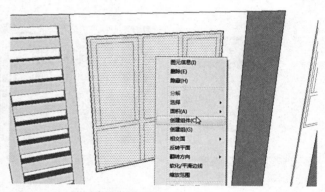

图12-77　"创建组件"命令

（a）　　　　　　　　（b）

图12-78　绘制窗框等轮廓

（a）　　　　　　　（b）

图12-79　推拉出厚度

73～图12-75所示。此时模型的体块就制作完成了。

## 五、创建门窗等构件

（1）门窗的制作很简单，使用"矩形"工具依

据立面图绘制出窗户轮廓（图12-76），并将其创建为组（图12-77），进入组内，使用"矩形"工具依据立面图绘制出窗框等轮廓（图12-78）。

（2）使用"推/拉"工具推拉出40mm的厚度，并为其赋予材质（图12-79、图12-80）。

─ 补充要点 ─

**制作窗户要点**

制作好一个窗户后，可以复制到其他窗户的位置，复制后应当精确调整窗户上下、左右的距离，不能存在重合、交错、漏缝等现象。如果希望在后期进行高精度渲染，这些问题尤为关键。

同时，还要注意视图的观察角度，距离模型越近，推拉的幅度就显得越大；距离模型越远，推拉的幅度就显得越小。

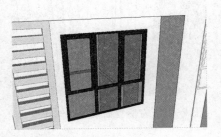

图12-80　赋予材质

图12-81　复制正立面窗户

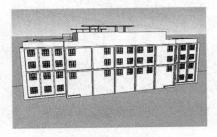

图12-82　复制背立面窗户

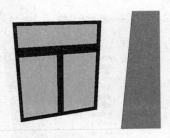

图12-83　制作其他窗户

图12-84　窗户制作完成

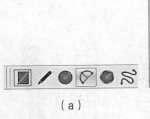

（a）

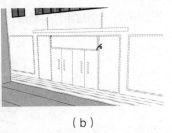

（b）

图12-85　绘制轮廓

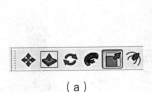

（a）

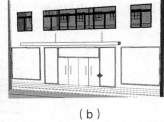

（b）

图12-86　推拉出厚度

（3）依据立面图将窗户复制并放置到合适位置（图12-81、图12-82）。

（4）使用相同的方法制作出其他样式的窗户并放置到合适的位置（图12-83、图12-84）。

（5）制作大门也是先使用"矩形"工具依据立面图绘制出门框、挡雨棚等的轮廓（图12-85），使用"推/拉"工具推拉出合适的厚度，并为其赋予材质（图12-86、图12-87）。

（6）接着使用"矩形"工具、"推/拉"工具等创建出挡雨棚支撑结构、门把手等构造（图12-88）。

（7）使用"矩形"工具绘制出台阶的轮廓，使用"推/拉"工具依据立面图推拉出相应的长度（图12-89、图12-90）。

（8）用同样的方法制作出其他样式的门（图12-

图12-87 赋予材质

图12-88 制作挡雨棚支撑
与门把手等构造

（a）　　　　　　　　　　（b）

图12-89 绘制出台阶的轮廓

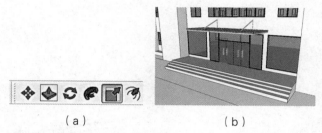

（a）　　　　　　　　　　（b）

图12-90 推拉出相应的长度

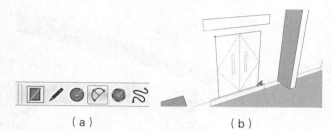

（a）　　　　　　　　　　（b）

图12-91 绘制出门的轮廓

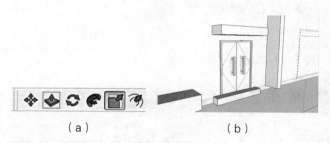

（a）　　　　　　　　　　（b）

图12-92 推拉出相应的厚度

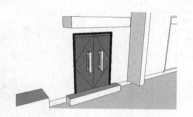

图12-93 门制作完成

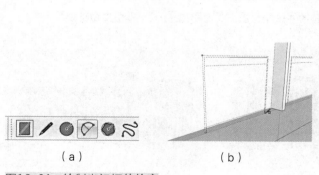

（a）　　　　　　　　　　（b）

图12-94 绘制出门框的轮廓

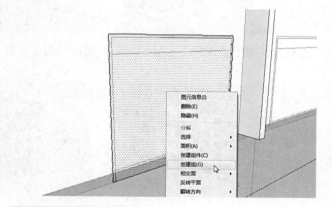

图12-95 "创建组"命令

91～图12-93）。

（9）建筑的北立面图有3个车库门，同样使用
"矩形"工具绘制出门框轮廓（图12-94），并将其创
建为组（图12-95），进入组内，使用"线条"工具
继续绘制门框轮廓（图12-96），使用"推/拉"工具
将卷帘向内推拉300mm（图12-97）。

（10）绘制一个100mm×100mm的正方形，并
将其创建为组（图12-98），使用"推/拉"工具进行
推拉，将长方体向下复制并阵列（图12-99、图12-
100）。

（11）制作完成后赋予车库门白色的材质，将其
复制并移到合适位置（图12-101）。

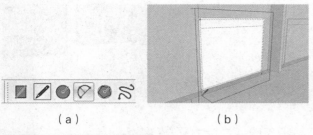

（a） （b）

图12-96 绘制出门框的轮廓

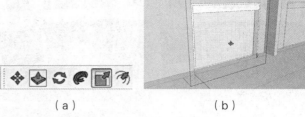

（a） （b）

图12-97 向内推拉

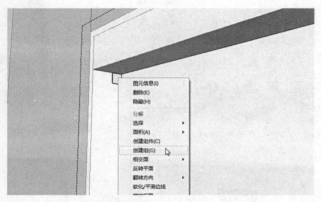

图12-98 "创建组"命令

（a） （b）

图12-99 推拉出厚度

图12-100 复制并阵列

图12-101 复制、移动并赋予材质

图12-102 模型鸟瞰正立面

图12-103 模型鸟瞰背立面

图12-104 模型正立面

图12-105 模型背立面

（12）此时楼体模型就基本创建完成了，效果如图12-102、图12-103所示，最后打开素材中的"第十二章—模型库—墙壁转"贴图，将墙壁砖贴图赋予楼体，效果如图12-104、图12-105所示。

## 六、完善模型

（1）将之前隐藏的总平面图显示出来，将总平面图选中，单击鼠标右键选择"分解"命令（图12-106）。

（2）在菜单栏单击"插件—Label Stray Lines"命令，使用标注线头插件将断线头识别出来（图12-107、图12-108）。

（3）使用"线条"工具进行封面操作（图12-109），并赋予草坪材质（图12-110）。

（4）使用"移动"工具将建好的楼体模型移到场地中（图12-111）。

（5）最后加入树木、人、汽车、路灯等配景模型，将场景完善，最终效果如图12-112所示。

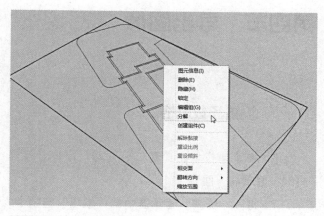

图12-106 "分解"命令

图12-107 "插件—Label Stray Lines"命令

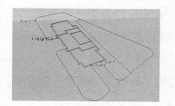

图12-108 识别断线头

（a）

图12-109 封面

（b）

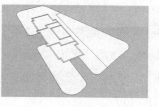

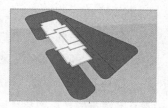

图12-110 赋予草坪材质

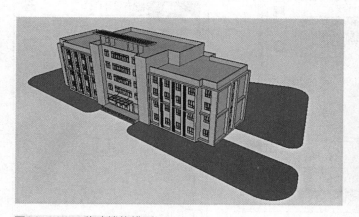

图12-111 移动楼体模型

图12-112 加入配景模型

# 第四节 导出图像

## 一、设置场景风格

（1）在菜单栏单击"窗口—样式"命令，打开"样式"管理器（图12-113）。

（2）打开"样式"管理器中的"编辑"选项卡，单击"背景设置"按钮，设置"背景"颜色为黑色（图12-114）。

（3）单击"边线"设置按钮，取消"显示边线"选项勾选（图12-115）。

## 二、调整阴影显示

在菜单栏单击"窗口—阴影"命令（图12-116），打开"阴影设置"对话框，激活"显示/隐藏阴影"按钮，在此设置"时间""日期"和光线亮暗，调节出满意的光影效果（图12-117）。

## 三、添加场景

（1）阴影调整完成后，在菜单栏单击"窗口—场景"命令（图12-118），打开"场景"对话框，将视图调整到合适的角度，单击"场景"对话框中的"添加场景"按钮添加场景1（图12-119）

（2）将视图进行调整，单击"添加场景"按钮为场景添加场景2和场景3（图12-120、图12-121）。

## 四、导出图像

（1）在菜单栏中单击"文件—导出—二维图形"命令，打开"二维图形"对话框（图12-122），在此设置文件名，"输出类型"为JPEG图像（*.jpg），单击"选项"按钮，在弹出的"导出JPG选项"对话框中进行相应设置（图12-123）。

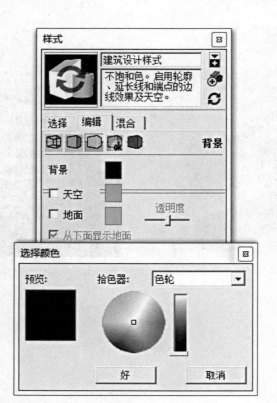

图12-113 "窗口—样式"命令　　图12-114 设置"背景"颜色

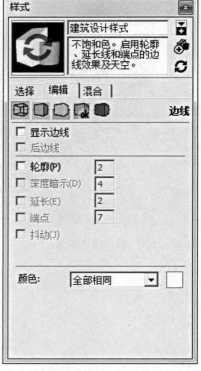

图12-115 取消"显示边线"选项勾选

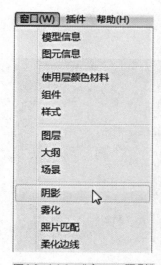

图12-116 "窗口—阴影"
命令

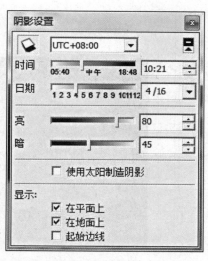

图12-117 调节光影效果

图12-118 "窗口—场景"
命令

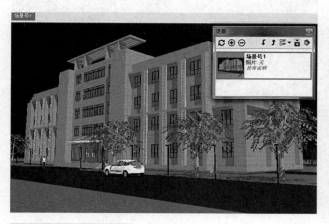

图12-119 添加场景1

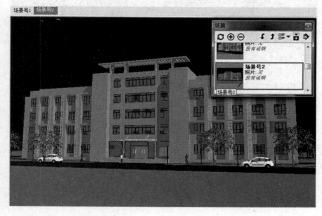

图12-120 添加场景2

图12-121 添加场景3

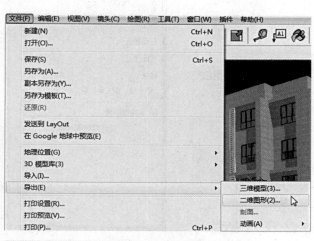

图12-122 "文件—导出—二维图形"命令

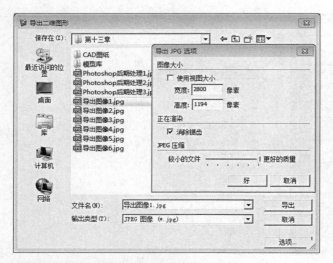

图12-123 "导出JPG选项"对话框

图12-124 导出图像——右侧斜立面

图12-125 导出图像——正立面

图12-126 导出图像——左侧斜立面

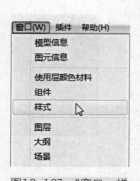

图12-127 "窗口—样式"命令

图12-128 "样式"管理器

（2）设置完成后单击"好"按钮关闭对话框，单击"导出"按钮将图像导出，导出的效果如图12-124所示。

（3）使用同样的方法将其他两个场景导出，导出效果如图12-125、图12-126所示。

（4）还需要导出线框图用于后期处理，在菜单栏单击"窗口—样式"命令（图12-127），打开"样式"管理器，在"样式"管理器中打开"编辑"选项卡（图12-128），单击"平面"设置按钮，选择"以隐藏线模式显示"样式。

（5）使用上述方法再将图像导出，效果如图12-129～图12-131所示。

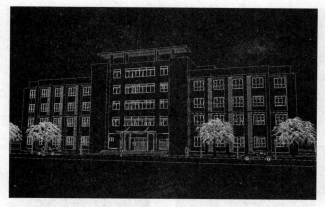

图12-129 导出线框图像——正立面

图12-130 导出线框图像——右侧斜立面

图12-131 导出线框图像——左侧斜立面

# 第五节　后期处理

（1）打开Photoshop软件，打开之前导出的图像（图12-132），按住"Alt"键并在"背景"图层上双击鼠标，将图层解锁（图12-133、图12-134）。

（2）打开之前导出的线框图，使用"移动"工具将其拖入当前文档中，使两张图片上下重叠（图12-135）。

（3）选择"图层1"，在菜单栏单击"图像—调整—反相"命令，将线框图颜色反相（图12-136、图12-137）。

（4）将"图层1"的图层模式设置为"正片叠底"，设置"不透明度"为50%（图12-138）。

（5）选择"图层0"，选取工具箱中的"魔棒"工具，在工具设置栏设置"容差"为10，勾选"消除锯齿"选项（图12-139），设置完成后在黑色背景上单击鼠标将黑色背景选中（图12-140），选中后按Delete键删除（图12-141）。

（6）将素材中"第十二章—模型库—天空"图片打开，使用"移动"工具将其拖入当前文档中，将天空图层置于图层最下方（图12-142），调整图层的大小与位置，效果如图12-143所示。

（7）在菜单栏单击"图像—调整—亮度/对比度"命令（图12-144），弹出"亮度/对比度"对话框，

图12-132　打开图像

图12-133　双击背景图层

图12-134　解锁图层

图12-135　拖入线框图

图12-136　"图像—调整—反相"命令

图12-137　将线框图颜色反相

图12-138　设置图层模式

图12-139　设置"魔棒"工具

图12-140　选中黑色背景

图12-141　删除黑色背景

图12-142　打开素材

图12-143　调整图层的大小与位置

图12-144　"图像—调整—亮度/对比度"命令

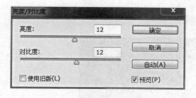

图12-145　"亮度/对比度"对话框

图12-146　"滤镜—锐化—锐化"命令

在此设置"亮度"为12，设置"对比度"为12（图12-145）。

（8）在菜单栏单击"滤镜—锐化—锐化"命令，提高图片清晰度（图12-146）。

（9）将素材中"第十二章—模型库—前景树、前景灌木"图片拖入当前文档中，并放置到合适位置，丰富画面（图12-147），使用"加深"工具在前景灌木上涂抹，增加进深感（图12-148）。

（10）新建图层，在键盘上按快捷键Ctrl+Shift+Alt+E，合并所有可见图层到新图层（图12-149、图

图12-147　拖入素材图片

图12-148　加深涂抹

图12-149　新建图层

图12-150　合并所有可见
图层到新图层

图12-151　"滤镜—模糊—高斯模
糊"命令

图12-152　"高斯模糊"对
话框

图12-153　设置图层2的
混合模式

12-150 )。

（11）选择"图层2"，在菜单栏单击"滤镜—模糊—高斯模糊"命令（图12-151），在弹出的"高斯模糊"对话框中设置"半径"为4.2（图12-152）。

（12）设置"图层2"的混合模式为"柔光"，"不透明度"为30%（图12-153），效果如图12-154所示。

（13）此时，图像已经处理完成，将其另存。使用同样的方法完成另一张图像的处理，效果如图12-155、图12-156所示。

图12-154　设置完成

图12-155　办公楼右斜侧效果图完成

图12-156　办公楼左斜侧效果图完成

**本章小结**

　　制作建筑效果图的关键在于把握好建筑外墙门窗的尺度，复制后应严格控制位置的精确性。仔细调节光照的各项参数，模拟出真实的光影效果。建筑模型制作完成后，还应该配置植物和装饰，制作出自然、和谐的构图。

**课后练习**

1. 设计并制作一个建筑模型，赋予材质。
2. 搜集整理一批建筑门窗、道路交通设施、绿植模型，为以后学习工作积累素材。

# 第十三章
# SketchUp Pro 与VRay高级渲染

PPT 课件　　　　素材　　　　教学视频

识读难度：★★★★☆
核心概念：VRay、布光、参数、材质

> ◀ **章节导读**
>
> 　　本章介绍SketchUp Pro的渲染器插件VRay的操作方法，VRay能对SketchUp Pro制作的三维模型进行渲染，最终效果图具有很强的表现力与真实感。

## 第一节　　VRay基本介绍

　　虽然在SketchUp Pro中已经可以输出不错的效果图，但想要更具有说服力的效果，就需要在空间的光影关系、材质质感上进行深入刻画。

　　VRay这款渲染器可以与 SketchUp Pro完美结合，而且VRay 的参数较少、材质调节灵活、灯光简单强大，很容易制作出高质量的效果图。

　　以前处理效果图通常是将SketchUp Pro模型导入3ds max中赋予材质，然后借助VRay渲染器输出商业级效果图，然而这种方法制约了设计师对细节的掌控和完善。基于这种背景下，VRay可以直接安装在SketchUp Pro软件中，能够在SketchUp Pro中渲染出照片级别的效果图。

# 第二节　VRay住宅卧室渲染案例

## 一、表现思路

室内空间相对封闭，只有一两个洞口能够射进自然光，所以布光较难把握。该案例是一个现代风格的卧室空间，采光主要以窗户投射室外光线为主。材质方面，地板、壁纸、沙发等是材质调节的重点，最终效果如图13-1、图13-2所示。

## 二、渲染前的准备工作

### 1. 检查模型的面和材质

模型创建完成后，需要检查模型的正反面是否正确，材质的分类是否无误等。

### 2. 调整角度、确定构图

（1）打开素材中的"第十三章—家居卧室渲染案例"文件（图13-3）。

（2）调整到合适的角度，单击"窗口—场景"命令打开"场景管理器，单击"添加场景"按钮添加场景，再调整角度，添加第二个场景（图13-4、图13-5）。

> **- 补充要点 -**
>
> **检查模型**
>
> 正式渲染效果图之前应仔细检查模型的精确性，重新调整模型尺寸，注意每个家具与地面之间的关系，赋予模型的贴图应设置恰当的比例，避免图案的形态过于夸张。如果模型不精确，尤其是贴图与局部构造的尺寸有偏差，就会影响后期的渲染效果。

## 三、安装VRay

（1）双击VRay安装图标（图13-6），即可打开安装程序对话框（图13-7），单击"下一步"按钮。

图13-1　卧室斜侧角度效果图

图13-2　卧室正中角度效果图

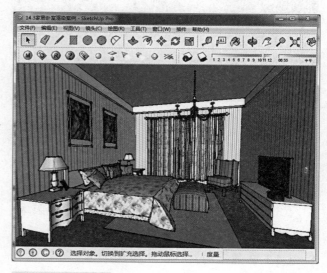

图13-3　打开素材

图13-4　打开文件

图13-5　添加场景

VRay 3.60.02
for SketchUp

图13-6　VRay安装图标

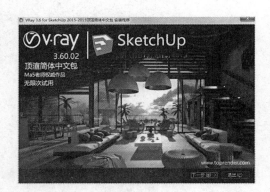

图13-7　VRay安装程序对话框

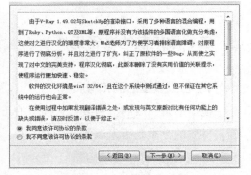

图13-8　选择"我同意该许可协议的条款"选项

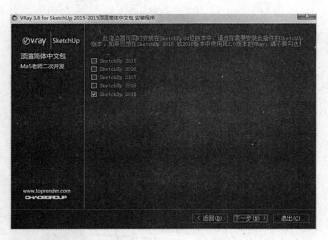

图13-9　选择对应版本

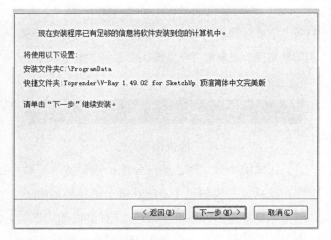

图13-10　确定安装文件夹

（2）在弹出的对话框中选择"我同意该许可协议的条款"选项，单击"下一步"按钮（图13-8）。

（3）在弹出的对话框中选择对应的软件版本，再单击"下一步"按钮（图13-9）。

（4）在弹出的对话框中单击"下一步"按钮（图13-10），即可开始安装程序（图13-11）。

（5）弹出安装成功的提示后单击"完成"按钮即可完成安装（图13-12）。

（6）打开SketchUp Pro，"VRay"工具栏就显示在菜单栏中（图13-13），如图13-14所示为"VRay"工具栏。

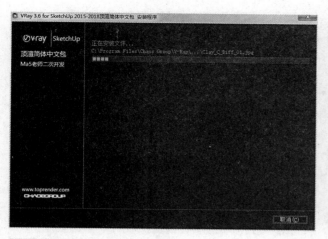

图13-11　安装程序

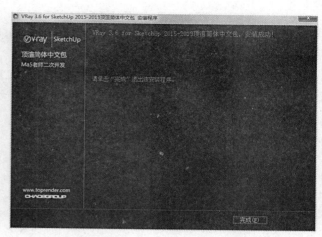

图13-12　安装完成

图13-13　"VRay"工具栏显示在菜单栏中

图13-14　"VRay"工具栏

（a）

（b）

图13-15　"VRay渲染设置"面板

## 四、设置测试参数

在布光时需要进行大量的测试渲染，如果渲染参数设置过高，会花费很长时间进行测试，浪费时间。

（1）单击VRay菜单栏中打开"VRay渲染设置"面板按钮，即可打开该面板（图13-15）。

（2）在"全局开关"上单击鼠标，即可打开"全局开关"卷展栏，将"反射/折射"效果取消勾选（图13-16）。

（3）在"图像采样器"卷展栏中将"类型"设置为"固定比率"，这样速度更快，将"抗锯齿过滤"关闭（图13-17）。

图13-16 "全局开关"卷展栏

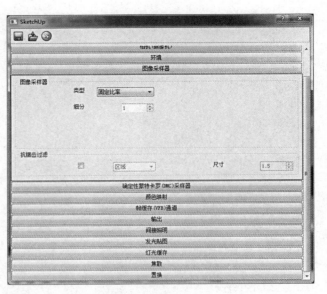

图13-17 "图像采样器"卷展栏

图13-18 "确定性蒙特卡罗（DMC）采样器"卷展栏

图13-19 "颜色映射"卷展栏

（4）在"确定性蒙特卡罗（DMC）采样器"卷展栏中将"最少采样"设置为"12"，减少测试效果中的黑斑和噪点（图13-18）。

（5）在"颜色映射"卷展栏中将"类型"设置为"指数（亮度）"（图13-19）。

（6）在"输出"卷展栏中设置一个较小的输出尺寸，可提高渲染速度（图13-20）。

（7）在"发光贴图"卷展栏中将"最小比率"设置为"-5"，"最大比率"设置为"-3"，"半球细分"为"50"，"插值采样"设置为"20"（图13-21）。

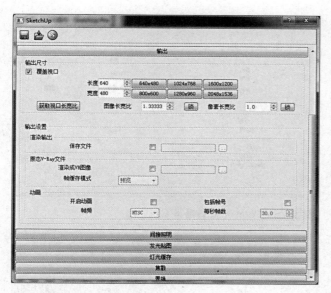

图13-20 "输出"卷展栏

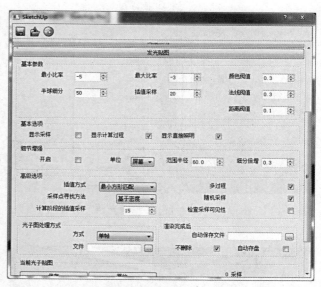

图13-21 "发光贴图"卷展栏

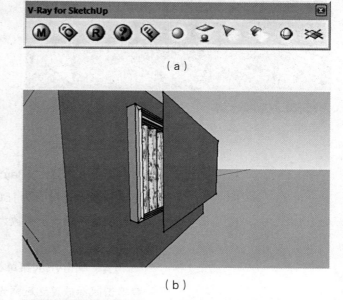

图13-22 "灯光缓存"卷展栏

（a）

（b）

图13-23 放置面光源

（8）在"灯光缓存"卷展栏中将"细分"设置为"500"（图13-22），此时完成了测试参数的设置。

## 五、布光

（1）单击VRay菜单栏中的"面光源"按钮，在进光的洞口位置放一个与洞口大小相同的面光源（图13-23）。

（2）选择面光源，单击鼠标右键，在弹出的菜单中选择"VRay for Sketchup—编辑光源"命令（图13-24），在弹出的"VRay光源编辑器"对话框中设置"颜色"为淡蓝色，设置"亮度"为500，将"选项"中的"隐藏"和"忽略灯光法线"勾选，设置"细分"参数为20（图13-25），完成后单击"OK"按钮关闭对话框。

（3）在室内入口处创建一个面光源（图13-26），单击鼠标右键，选择"VRay for Sketchup—编辑光

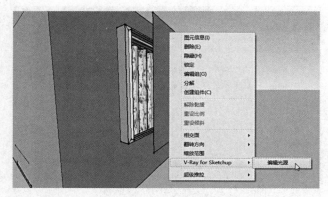

图13-24 "VRay for Sketchup—编辑光源"命令

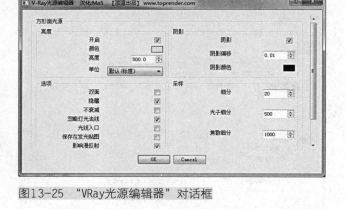

图13-25 "VRay光源编辑器"对话框

图13-26 创建面光源

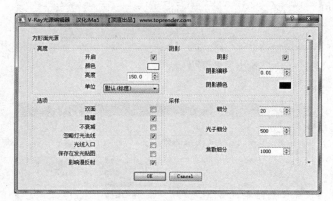

图13-27 "VRay光源编辑器"对话框

源"命令，打开"VRay光源编辑器"对话框，在对话框中设置"颜色"为白色，设置"亮度"为150，将"选项"中的"隐藏"和"忽略灯光法线"勾选，设置"细分"参数为20（图13-27），设置完成后单击"OK"按钮关闭对话框。

（4）单击VRay菜单栏中的"光域网（IES）光源"按钮，在需要布灯的位置单击鼠标放置光域网光源（图13-28），使用"推/拉"工具和"移动"工具调整光域网光源大小并移到合适位置（图13-29）。

（5）在光域网光源上单击鼠标右键，在弹出的菜单中选择"VRay for Sketchup—编辑光源"命令，在弹出的"光域网（IES）光源"对话框中设置"颜色"为黄色，设置"功率"为300，单击"文件"后的按钮，选择素材中"第十三章—贴图与光域网文件—光域网文件"设置完成后，单击"OK"按钮关闭对话框（图13-30）。

（6）在吊灯上也同样放置几个光域网光源（图13-31），参数设置如图13-32所示。

（a）

（a）

（b）

（b）

图13-28　放置光域网光源

图13-29　调整光域网光源并移到合适位置

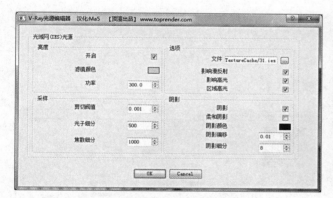

图13-30　设置光域网文件

图13-31　放置吊灯上的光域网光源

如地面、墙面等。单击VRay菜单栏中的打开"VRay渲染设置"面板按钮，在"全局开关"卷展栏中将"反射/折射"勾选（图13-33）。

**1. 木地板的材质设置**

（1）打开"使用层颜色材料"管理器，使用"样本颜料"工具在地板上单击鼠标提取材质（图13-34），单击打开"VRay材质编辑器"按钮，VRay材质面板会自动跳到该材质的属性上。

（2）选择该材质，单击鼠标右键，选择"地板—创建材质层—反射"命令（图13-35），在"反射"卷展栏中单击"反射"后的"m"按钮，在弹出的对话框中设置"菲涅耳"模式（图13-36），完成后单击"OK"按钮关闭对话框。

（3）在"反射"卷展栏中设置高光光泽度为

图13-32　设置光域网文件

## 六、VRay材质的设置

布光完成后就可以对场景中的材质进行调节了，调节材质时先主后次，先调节对场景影响大的材质，

（a）

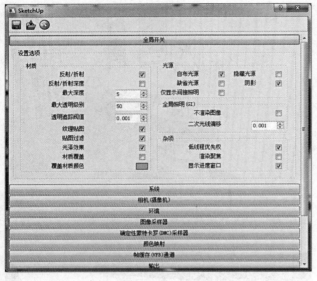

（b）

图13-33 "全局开关"卷展栏

（a）

（b）

图13-34 提取材质

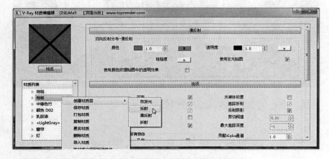

图13-35 "地板—创建材质层—反射"命令

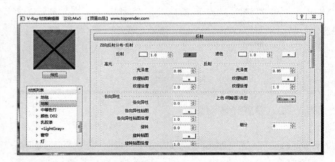

图13-37 "反射"卷展栏

0.85，设置反射光泽度为0.85（图13-37）。

（4）在"贴图"卷展栏中单击"凹凸贴图"后的"m"按钮，在弹出的对话框中设置模式为"位图"，在"文件缓存"选项组中单击"文件"后的按钮，选择素材中的"第十三章—贴图与光域网文件—地板凹凸贴图"图片，设置完成后单击"OK"按钮关闭对话框（图13-38）。

（5）设置"凹凸贴图"参数为0.01（图13-39），木地板的参数设置完成，效果如图13-40所示。

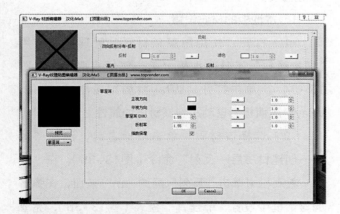

图13-36 设置"菲涅耳"模式

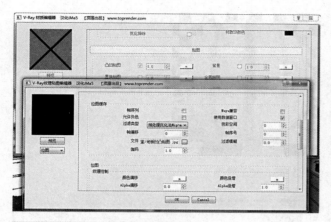

图13-38 设置"地板凹凸贴图"

图13-39 设置"凹凸贴图"参数

图13-40 木地板材质效果

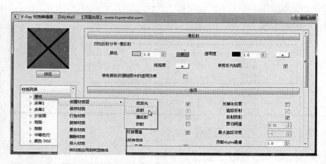

图13-41 创建"反射"材质层

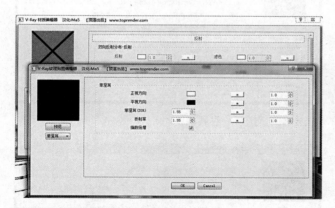

图13-42 设置"菲涅耳"模式

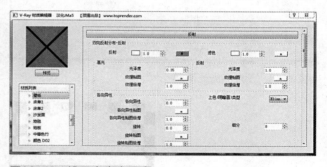

图13-43 设置高光光泽度

### 2. 壁纸的材质设置

（1）提取壁纸的材质后，打开"VRay材质编辑器"，创建"反射"材质层（图13-41）。

（2）在"反射"卷展栏中单击"反射"后的"m"按钮，在对话框中设置"菲涅耳"模式（图13-42），设置高光光泽度为0.35（图13-43）。

（3）打开"选项"卷展栏，取消"追踪反射"的勾选（图13-44），壁纸的参数设置完成，效果如

图13-45所示。

### 3. 乳胶漆的材质设置

（1）提取乳胶漆的材质后，打开"VRay材质编辑器"，为其创建"反射"材质层（图13-46）。

（2）在"反射"卷展栏中单击"反射"后的"m"按钮，在弹出的对话框中设置"菲涅耳"模式（图13-47），设置高光光泽度为0.25（图13-48）。

（3）打开"选项"卷展栏，取消"追踪反射"

图13-44　"选项"卷展栏

图13-45　壁纸效果

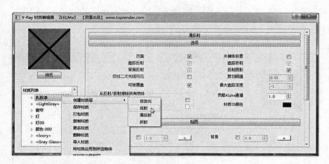

图13-46　创建"反射"材质层

图13-47　设置"菲涅耳"模式

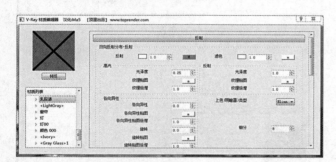

图13-48　设置高光光泽度

图13-49　"选项"卷展栏

图13-50　乳胶漆材质效果

图13-51　创建"反射"材质层

的勾选（图13-49），乳胶漆的参数设置完成，效果如图13-50所示。

**4. 沙发面的材质设置**

（1）提取沙发面的材质后，打开"VRay材质编辑器"，为其创建"反射"材质层（图13-51）。

（2）在"反射"卷展栏中单击"反射"后的"m"按钮，在弹出的对话框中设置"菲涅耳"模式（图13-52），设置高光光泽度为0.35（图13-53）。

图13-52 设置"菲涅耳"模式

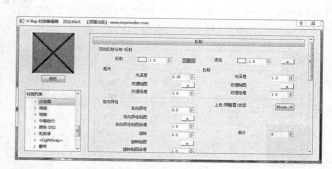

图13-53 设置高光光泽度

图13-54 "选项"卷展栏

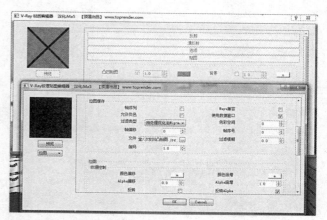

图13-55 选择图片文件

（3）在"选项"卷展栏中取消"追踪反射"的勾选（图13-54）。

（4）在"贴图"卷展栏中单击"凹凸贴图"后的"m"按钮，在弹出的对话框中设置模式为"位图"，在"文件缓存"选项组中单击"文件"后的按钮，选择素材中的"第十三章—贴图与光域网文件—沙发凹凸贴图"图片，设置完成后单击"OK"按钮关闭对话框（图13-55）。沙发面的参数设置完成（图13-56）。

图13-56 沙发面材质效果

## 七、设置参数渲染出图

（1）单击打开"VRay渲染设置"面板按钮，打开"VRay渲染设置"面板，单击"环境"卷展栏中"全局光颜色"后的"m"按钮，在弹出的对话框中设置"阴影"选项组中的"细分"为16（图13-57）。

（2）在"图像采样器"卷展栏中设置"类型"为"自适应确定性蒙特卡罗"，将"最多细分"设置为16，这样设置可以提高细节区域的采样，将"抗锯齿过滤"开启，设置过滤器为"Catmull Rom"（图13-58）。

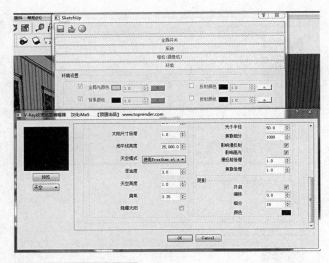

图13-57 设置"阴影"

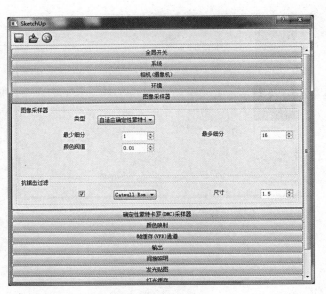

图13-58 "图像采样器"卷展栏

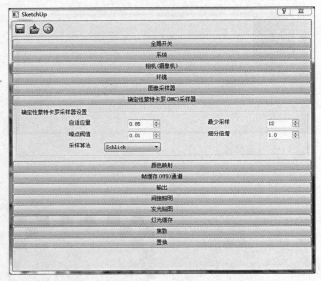

图13-59 "确定性蒙特卡罗（DMC）采样器"卷展栏

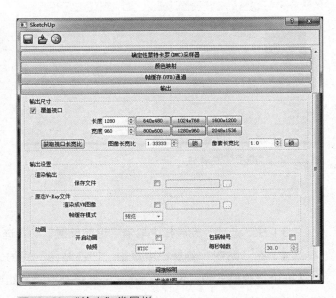

图13-60 "输出"卷展栏

（3）在"确定性蒙特卡罗（DMC）采样器"卷展栏中设置"最少采样"为12，减少噪点（图13-59）。

（4）在"输出"卷展栏中设置较大的输出尺寸（图13-60）。

（5）在"发光贴图"卷展栏中设置"最小比率"为-3，设置"最大比率"为0（图13-61）。

（6）在"灯光缓存"卷展栏中设置"细分"为1000（图13-62），渲染参数设置完成。

（7）单击VRay菜单栏中的"开始渲染"按钮即可开始渲染，得到的渲染图如图13-63、图13-64所示。

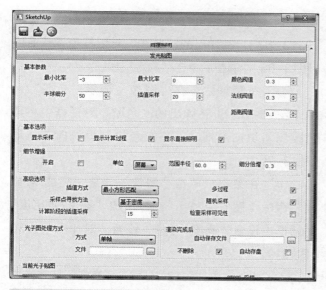

图13-61 "发光贴图"卷展栏

图13-62 "灯光缓存"卷展栏

（a）

（b）

图13-63 卧室斜侧角度渲染完成

图13-64 卧室正中角度渲染完成

- 补充要点 -

### 设置材质

材质的关键在于"自发光""反射""漫发射""折射"等参数选项设置，各种参数的调节应当参考本书，注意在初学阶段，除了玻璃、金属等高反射材质外，其他材质的参数不宜调配过高。觉得合适的材质应当随时保存下来，方便日后调用。

## 八、后期处理

（1）在Photoshop中打开渲染好的图（图13-65），按快捷键Ctrl+J将"背景"图层复制，得到"图层1"（图13-66）。

（2）在菜单栏单击"图像—调整—曲线"命令（图13-67），在弹出的"曲线"对话框中调整曲线（图13-68），调整后单击"确定"按钮。

（3）在菜单栏单击"图像—调整—色阶"命令（图13-69），在弹出的"色阶"对话框中将黑色控制滑块向右拖动，将灰色控制滑块向左拖动（图13-70）。

（4）在菜单栏单击"图像—调整—亮度/对比度"命令（图13-71），在弹出的"亮度/对比度"对话框中设置"亮度"为9，设置"对比度"为20（图13-72）。

（5）此时效果如图13-73所示，有些区域曝光过度，选取工具箱中的"橡皮擦"工具，在工具属性栏设置相关属性（图13-74），设置完成后在曝光过度的区域进行涂抹（图13-75）。

（6）选取工具箱中的"加深"工具，在近处的

图13-65 打开图像

图13-66 图层复制

图13-67 "图像—调整—曲线"命令

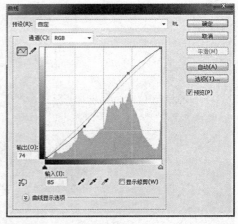

图13-68 "曲线"对话框

图13-69 "图像—调整—色阶"命令

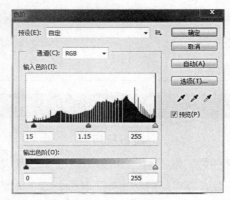

图13-70 "色阶"对话框

图13-71 "图像—调整—亮度/对比度"命令

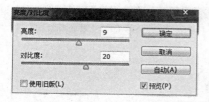

图13-72 "亮度/对比度"对话框

图13-74 设置"橡皮擦"

图13-73 调整完成

图13-75 橡皮擦涂抹

（a）　　　　　　　　　　　　（b）

图13-76 加深涂抹

图13-77 "滤镜—锐化—锐化"命令

地板上涂抹，增加进深感（图13-76）。

（7）在菜单栏单击"滤镜—锐化—锐化"命令（图13-77），使图片更加清晰。

（8）在菜单栏单击"图像—调整—色相/饱和度"命令（图13-78），在弹出的"色相/饱和度"对话框中对"黄色"进行调整，设置"饱和度"为-19，减弱地板的黄色（图13-79）

（9）此时，图片已处理完成，效果如图13-80所示，使用同样的方法对另一张渲染图进行处理，效果如图13-81所示。

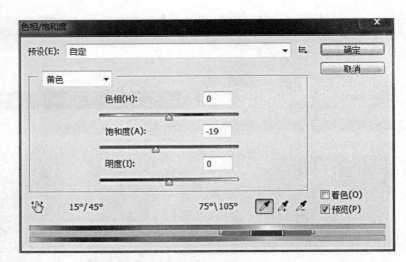

图13-78 "图像—调整—色相/饱和度"命令　　图13-79 "色相/饱和度"对话框

图13-80 卧室斜侧角度效果图调整完成

图13-81 卧室正中角度效果图调整完成

# 第三节　VRay专卖店渲染案例

## 一、表现思路

　　该案例是一个自行车专卖店的空间，采光主要以窗户投射室外光线和室内照明为主。材质方面，地面、墙面、展柜等是材质调节的重点，最终效果如图13-82、图13-83所示。

## 二、渲染前的准备工作

### 1. 检查模型的面和材质

　　模型创建完成后，对模型的正反面是否正确、材质的分类是否无误等进行检查。

### 2. 调整角度、确定构图

　　（1）打开素材中的"第十三章—专卖店渲染案例"文件（图13-84）。

图13-82 专卖店正中角度效果图

图13-83 专卖店斜侧角度效果图

图13-84 打开素材

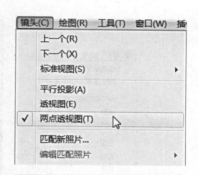

图13-85 "镜头—两点透视图"命令

图13-86 "窗口—场景"命令

图13-87 添加第一个场景

图13-88 添加第二个场景

（2）将视图调整到合适角度，在菜单栏单击"镜头—两点透视图"命令（图13-85），将场景以透视模式显示。

（3）在菜单栏单击"窗口—场景"命令（图13-86），打开"场景"编辑器，单击"场景"编辑器中"添加场景"按钮添加第一个场景，再调整角度，添加第二个场景（图13-87、图13-88）。

### 3. 调整阴影

（1）在菜单栏单击"窗口—阴影"命令（图13-89），打开"阴影设置"面板，在此设置"时间""日期"等信息，调整阴影效果（图13-90）

（2）调整完成后在场景标签上单击鼠标右键选择"更新"命令将场景更新（图13-91）。

### 4. 设置测试参数

在布光时需要进行大量的测试渲染，如果渲染参数设置过高会花费很长时间进行测试，完全没有必要。

（1）单击VRay菜单栏中"VRay渲染设置面板"按钮，即可打开"VRay渲染设置"面板（图13-92）。

（2）在"全局开关"上单击鼠标即可打开"全局开关"卷展栏，将"反射/折射"效果取消勾选（图13-93）。

图13-89 "窗口—阴影"命令

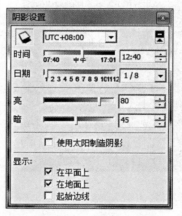

图13-90 调整阴影

图13-91 更新场景

图13-92 "VRay渲染设置"面板

图13-93 "全局开关"卷展栏

（3）在"图像采样器"卷展栏中将"类型"设置为"固定比率"，这样速度更快，将"抗锯齿过滤"关闭（图13-94）。

（4）在"确定性蒙特卡罗（DMC）采样器"卷展栏中将"最少采样"设置为"12"，减少测试效果中的黑斑和噪点（图13-95）。

（5）在"颜色映射"卷展栏中将"类型"设置为"指数（亮度）"（图13-96）。

（6）在"输出"卷展栏中设置一个较小的输出尺寸，可提高渲染速度（图13-97）。

（7）在"发光贴图"卷展栏中将"最小比率"设置为–5，将"最大比率"设置为"–3"，"半球细分"为50，"插值采样"为20（图13-98）。

（8）在"灯光缓存"卷展栏中将"细分"设置为500（图13-99），此时完成了测试参数的设置。

**5. 布光**

（1）单击VRay菜单栏中的"面光源"按钮，在洞口的位置放一个与洞口大小相同的面光源（图13-100）。

（2）选择面光源，单击鼠标右键，在弹出的菜

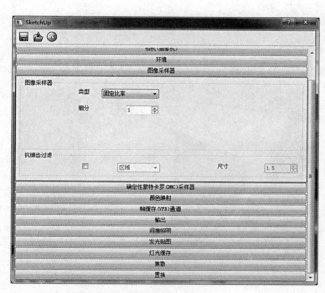

图13-94 "图像采样器"卷展栏

图13-95 "确定性蒙特卡罗（DMC）采样器"卷展栏

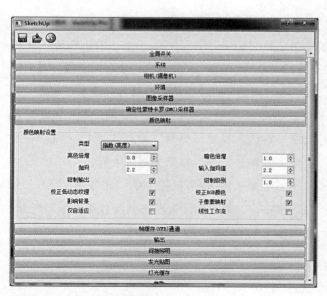

图13-96 "颜色映射"卷展栏

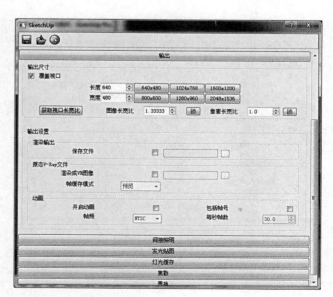

图13-97 "输出"卷展栏

图13-98 "发光贴图"卷展栏

图13-99 "灯光缓存"卷展栏

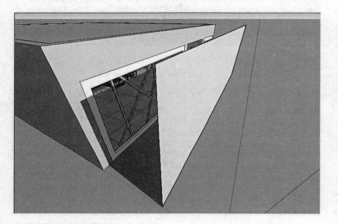

图13-100 面光源

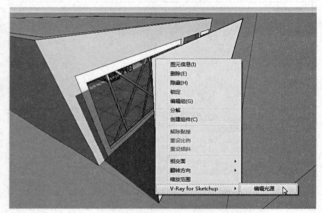

图13-101 "VRay for Sketchup—编辑光源"选项

图13-102 "VRay光源编辑器"对话框

单中选择"VRay for Sketchup—编辑光源"选项（图13-101），在弹出的"VRay光源编辑器"对话框中设置"颜色"为淡蓝色，模拟天光效果，设置"亮度"为600，将"选项"中的"隐藏"和"忽略灯光法线"勾选，设置"细分"为20（图13-102），设置完成后单击"OK"按钮关闭对话框。

（3）单击VRay菜单栏中的"光域网（IES）光源"按钮，在射灯的位置单击鼠标放置光域网光源，并调整大小和位置（图13-103）。

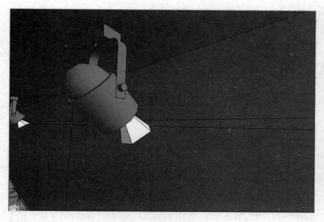

图13-103　创建光域网（IES）光源

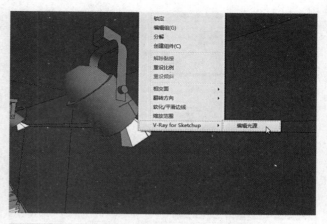

图13-104　"VRay for Sketchup—编辑光源"选项

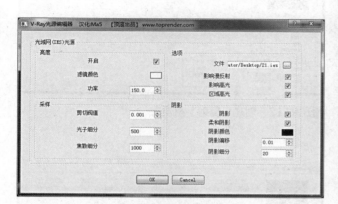

图13-105　"VRay光源编辑器"对话框

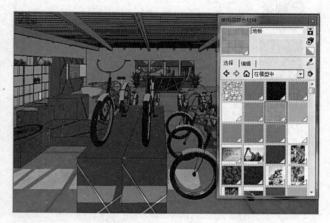

图13-106　提取材质

（4）在光域网光源上单击鼠标右键，在弹出的菜单中选择"VRay for Sketchup—编辑光源"选项（图13-104），弹出"VRay光源编辑器"对话框。

（5）在"VRay光源编辑器"对话框中设置"滤镜颜色"为黄色，设置"功率"为150，单击"文件"后的按钮，选择素材中的"第十三章—贴图与光域网文件2—光域网文件"，设置完成后单击"OK"按钮关闭对话框（图13-105），将制作好的光域网光源复制并移到其他射灯中。

## 三、VRay材质的设置

### 1. 地面石材的设置

（1）打开"使用层颜色材料"管理器，使用"样本颜料"工具在地面上单击鼠标提取材质（图13-106），单击打开"VRay材质编辑器"按钮，

VRay材质面板会自动跳到该材质的属性上。

（2）选择该材质，单击鼠标右键，选择"创建材质层—反射"命令（图13-107），在"反射"卷展栏中单击"反射"后的"m"按钮，在弹出的对话框中设置"菲涅耳"模式（图13-108），设置完成后单击"OK"按钮关闭对话框。

（3）在"反射"卷展栏中设置高光光泽度为0.4，反射光泽度为0.4（图13-109）。

（4）在"贴图"卷展栏中单击"凹凸贴图"后的"m"按钮，在弹出的对话框中设置模式为"位图"，在"文件缓存"选项组中单击"文件"后的按钮，选择素材中的"第十三章—贴图与光域网文件2—地板"图片，设置完成后单击"OK"按钮关闭对话框（图13-110），地面石材设置完成，效果如图13-111所示。

图13-107 "创建材质层—反射"命令

图13-111 地面石材材质效果

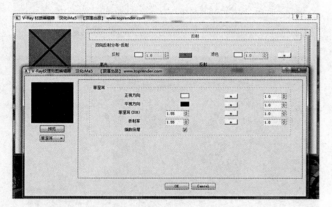

图13-108 设置"菲涅耳"模式

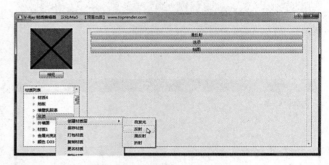

图13-112 创建"反射"材质层

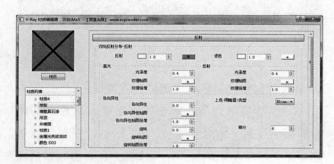

图13-109 "反射"卷展栏

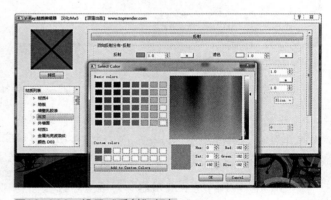

图13-113 设置"反射"颜色

### 2. 吊顶铝合金材质设置

（1）提取吊顶材质后，打开VRay材质编辑器，为其创建"反射"材质层（图13-112）。

（2）在"反射"卷展栏中设置"反射"为灰白色（R：182，G：182，B：182），如图13-113所示。设置反射光泽度为0.6，在"各向异性"选项组中设置"上色（明暗器）类型"为"Ward"，"各向异性"为0.4（图13-114），吊顶铝合金材质设置完成，效果见图13-115。

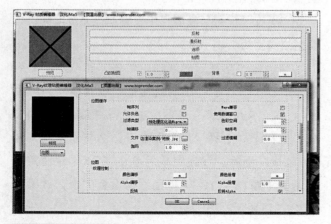

图13-110 选择图片

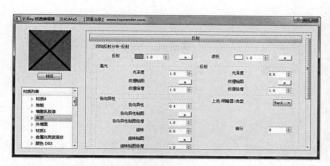

图13-114 设置"反射"光泽度

图13-115 吊顶铝合金材质效果

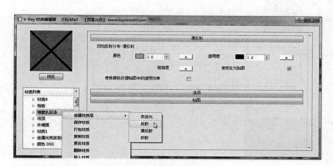

图13-116 创建"反射"材质层

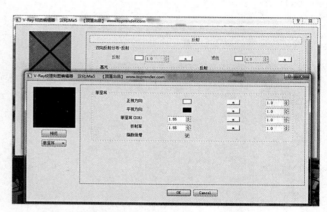

图13-117 设置"菲涅耳"模式

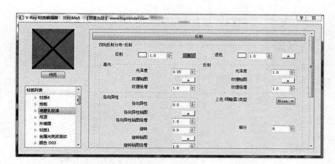

图13-118 "反射"卷展栏

图13-119 "选项"卷展栏

### 3. 乳胶漆材质的设置

（1）提取乳胶漆材质后，打开"VRay材质编辑器"，为其创建反射材质层（图13-116）。

（2）在"反射"卷展栏中单击"反射"后的"m"按钮，在弹出的对话框中设置"菲涅耳"模式（图13-117），设置高光光泽度为0.25（图13-118）。

（3）打开"选项"卷展栏，取消"追踪反射"的勾选（图13-119），乳胶漆参数设置完成，效果如图13-120所示。

### 4. 金属材质设置

（1）提取金属材质后，打开"VRay材质编辑器"，为其创建反射材质层（图13-121）。

（2）在"反射"卷展栏中设置"反射"为白色（图13-122）。

（3）在"漫反射"卷展栏中设置"漫反射"为灰色（R：170，G：170，B：170），如图13-123所示。金属材质设置完成，效果如图13-124所示。

### 5. 玻璃材质设置

（1）提取玻璃材质后，打开"VRay材质编辑

图13-120　乳胶漆材质效果

图13-121　创建"反射"材质层

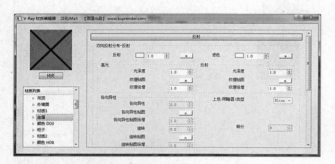

图13-122　设置"反射"颜色

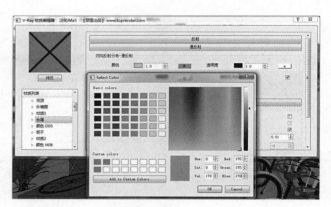

图13-123　设置"漫反射"颜色

图13-124　金属材质效果

图13-125　创建"反射"材质层

器",为其创建"反射"材质层（图13-125）。

（2）在"反射"卷展栏中单击"反射"后的"m"按钮,在弹出的对话框中设置"菲涅耳"模式（图13-126）。

（3）在"反射"卷展栏中设置"透明度"为白色（图13-127）,玻璃材质设置完成,效果如图13-128所示。

## 四、设置参数渲染出图

（1）在"图像采样器"卷展栏中设置"类型"为"自适应确定性蒙特卡罗",将"最多细分"设置为16,这样设置可以提高细节区域的采样,将"抗锯齿过滤"开启,设置过滤器为"Catmull Rom"（图13-129）。

（2）在"确定性蒙特卡罗（DMC）采样器"卷展栏中设置"最少采样"为12,减少噪点（图13-130）。

（3）在"输出"卷展栏中设置一个较大的输出尺寸（图13-131）。

（4）在"发光贴图"卷展栏中设置"最小比率"为-3,"最大比率"为0（图13-132）。

图13-126 设置"菲涅耳"模式

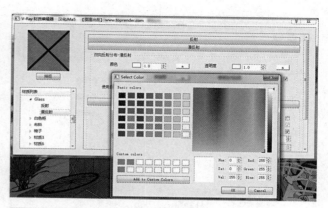

图13-127 设置"透明度"颜色

图13-128 玻璃材质效果

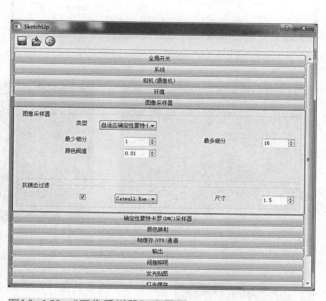

图13-129 "图像采样器"卷展栏

图13-130 "确定性蒙特卡罗(DMC)采样器"卷展栏

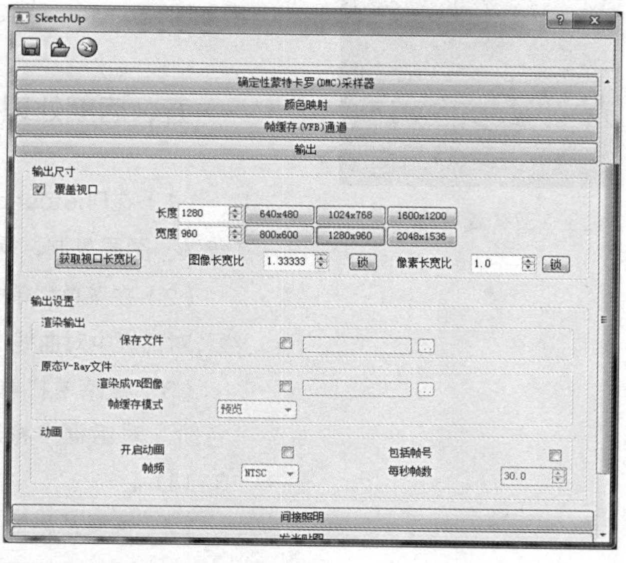

图13-131 "输出"卷展栏

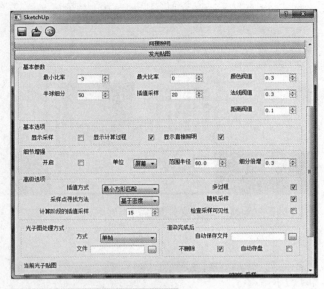

图13-132 "发光贴图"卷展栏

图13-133 "灯光缓存"卷展栏

图13-134 专卖店正中角度渲染图

图13-135 专卖店斜侧角度渲染图

图13-136 打开图像

图13-137 复制图层

（5）在"灯光缓存"卷展栏中设置"细分"为1000（图13-133），此时渲染参数设置完成。

（6）单击VRay菜单栏中的"开始渲染"按钮即可开始渲染，得到的渲染图如图13-134、图13-135所示。

## 五、后期处理

（1）在Photoshop中打开渲染出的图像（图13-136），按快捷键Ctrl+J将"背景"图层复制，得到"图层1"（图13-137）。

（2）在菜单栏单击"图像—调整—曲线"命令（图13-138），在弹出的"曲线"对话框中对曲线进行调整（图13-139），调整完成后单击"确定"按钮。

（3）在菜单栏单击"图像—调整—色阶"命令（图13-140），在弹出的"色阶"对话框中将黑色控制滑块向右拖动，将灰色控制滑块向左拖动（图13-141）。

（4）在菜单栏单击"图像—调整—亮度/对比度"命令（图13-142），在弹出的"亮度/对比度"对话框中设置"亮度"为12，"对比度"为22（图13-143）。

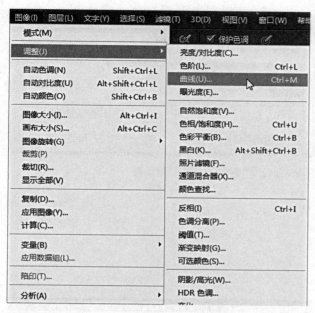

图13-138 "图像—调整—曲线"命令

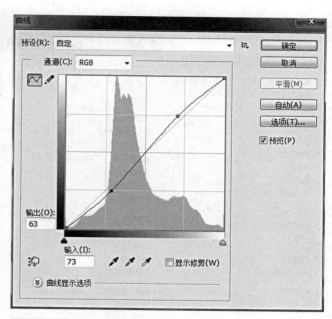

图13-139 "曲线"对话框

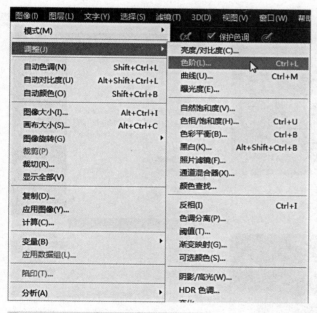

图13-140 "图像—调整—色阶"命令

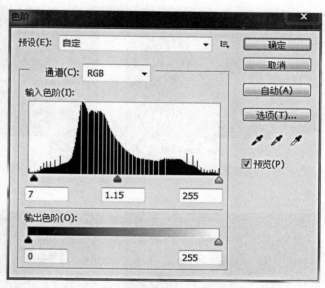

图13-141 "色阶"对话框

（5）此时有些区域曝光过度，选取工具箱中的"橡皮擦"工具，在工具属性栏设置相关属性（图13-144），设置完成后在曝光过度的区域进行涂抹（图13-145）。

（6）选取工具箱中的"加深"工具在近处的地板上涂抹，增加进深感（图13-146）。

（7）在菜单栏单击"滤镜—锐化—锐化"命令（图13-147），使图片更加清晰。

（8）此时，图片已处理完成，效果如图13-148所示，使用同样的方法对另一张渲染图进行处理，效果如图13-149所示。

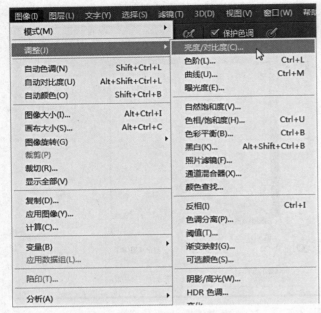

图13-143　"亮度/对比度"对话框

图13-142　"图像—调整—亮度/对比度"命令

图13-144　"橡皮擦"工具

图13-145　橡皮擦涂抹

图13-146　加深涂抹

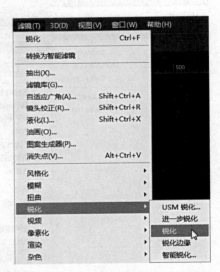

图13-147　"滤镜—锐化—锐化"命令

图13-148　专卖店正中角度效果图

图13-149　专卖店斜侧角度效果图

**本章小结**

　　VRay的操作方法简单、实用，关键在于对材质的编辑，本章重点介绍了几种常见材质的参数设置，在操作时可以根据本书的参数规律编辑出更多实用材质。

课后练习

1. 将已经完成的室内空间模型，采用VRay渲染输出为效果图。
2. 采用Photoshop对渲染效果图进行调整。

# 附 SketchUp Pro常用快捷键一览

A: 圆弧工具

B: 矩形工具

C: 画圆工具

D: 路径跟随工具

E: 橡皮擦工具

F: 平行偏移复制工具

G: 定义为组

H: 隐藏选择的物体

I: 以隐掉组件外其他模型方式单独编辑组件

J: 以隐掉关联组件方式单独编辑组件

K: 锁定群组与组件

L: 线段工具

M: 移动工具

O: 定义为组件

P: 剖面工具

Q: 测量工具

R: 旋转工具

S: 缩放工具

T: 文字标注工具

U: 推/拉工具

V: 透视/轴测切换

W: 漫游工具

X: 油漆桶工具

Y: 坐标系工具

Z: 视图窗口放大工具

F1: 调出帮助菜单

F2: 顶视图

F3: 前视图

F4: 左视图

F5: 右视图

F6: 后视图

F7: 底视图

F8: 透视或轴测视点

F9: 当前视图和上一个视图切换

F10: 场景信息设置

F11: 实体参数信息

F12: 系统属性设置

Esc: 关闭组/组件

Home: 页面图标显示切换

PageUp: 上一个页面

PageDown: 下一个页面

=: 序列保存

`: 隐藏对话框

;: 剖切显示切换

': 剖切图标显示切换

鼠标中轮键: 视图旋转工具

Alt+1: 线框显示

Alt+2: 消隐线框显示模式

Alt+3: 着色显示模式

Alt+4: 贴图显示模式

Alt+5: 单色显示模式

Alt+A: 添加页面

Alt+B: 多边形工具

Alt+C: 相机位置工具

Alt+D: 删除页面

Alt+F: 不规则线段工具

Alt+G: 显示地面的切换命令

Alt+H: 隐藏的物体以网格方式显示

Alt+I: 布尔运算模型交线

Alt+K: 将全部群组与组件解锁

Alt+L: 环视工具

Alt+M: 地形拉伸工具

Alt+O: 组件浏览器

Alt+P: 量角器工具

Alt+Q: 隐藏辅助线

Alt+S: 阴影显示切换

Alt+T: 标注尺寸工具

Alt+U: 更新页面

Alt+V：相机焦距

Alt+X：材质浏览器

Alt+Y：坐标系显示切换

Alt+Z：视图缩放工具

Alt+Space：播放动画

Alt+`：所有模型半透明显示

Ctrl+1：导出剖面

Ctrl+2：导出二维图形图像

Ctrl+3：导出三维模型

Ctrl+4：导出动画

Ctrl+A：全选

Ctrl+C：复制

Ctrl+F：边线变向工具

Ctrl+H：显示隐藏物体中选择的物体

Ctrl+N：新建文件

Ctrl+O：打开文件

Ctrl+P：打印

Ctrl+Q：删除辅助线

Ctrl+R：返回上次保存状态

Ctrl+S：保存

Ctrl+T：清除选区

Ctrl+V：粘贴

Ctrl+X：剪切

Ctrl+Y：恢复/后悔

Ctrl+Z：后悔

Ctrl+`：导入

Shift+1：边线显示与隐藏

Shift+2：边线加粗显示

Shift+3：深度线显示

Shift+4：边线出头显示

Shift+5：结束点显示

Shift+6：边线抖动显示

Shift+0：柔化表面

Shift+A：显示所有物体

Shift+E：图层浏览器

Shift+F：翻转表面

Shift+G：炸开组件

Shift+H：显示最后隐藏的物体

Shift+K：将选择的群组与组件解锁

Shift+O：组件管理器

Shift+P：页面属性

Shift+Q：显示所有辅助线

Shift+S：阴影参数

Shift+T：动画设置

Shift+X：材质编辑器

Shift+Y：还原坐标系

Shift+Z：视图全屏显示工具

Shift+`：显示模式及边线显示方式设置

Shift+鼠标中轮键：视图平移工具，平移视图进行观察

Ctrl+Alt+S：按阴影状态渲染表面的切换命令

Ctrl+Alt+X：透明材质透明显示的切换命令

Ctrl+Shift+S：命名保存

Shift+Alt+S：显示天空的切换命令

Space：选择工具

Delete：删除选择的物体